東北大学教養教育院叢書

大学と教養 7

環境と人間

東北大学教養教育院＝編

東北大学出版会

Artes Liberales et Universitas

7 Environment and Humans

Institute of Liberal Arts and Sciences Tohoku University

Tohoku University Press, Sendai

ISBN978-4-86163-395-9

はじめに

「気候変動」という言葉を日常的に耳目するようになったのは最近のことです。それより前から「異常気象」という言葉はありましたが、これはどちらかというと、真夏に気温の低い日が続いたり（冷夏）、冬なのに暖かい日が続いたり（暖冬）、あるいは長雨や日照りが続いたりといった、常態とは異なる特異的な現象を指す言葉として用いられてきました。ところが昨今では、ゲリラ豪雨や線状降水帯、洪水、干ばつ、海面上昇など、特異現象として捉えられてきたはずのことが常態化し、もはや単なる異常では無くなってしまいました。台風の到来時期や進路にも変化があり、わたしたちの生活にも甚大な被害をもたらすことが、以前にも増して多くなったような気がします。「気候変動」という言葉には、「もはや地球は変わってしまった・・」というようなニュアンスすら感じてしまいます。しかし、諦めのような捉え方をするわけにはいきません。私たちはこの問題にしっかりと向き合って、今後あるべき最適解を見つけていかなければならないのです。

地球誕生以来の長い歴史を眺めてみれば、これまでも氷河期のような大きな気候変動があったわけですが、現代社会においてこれほどまでに気候変動が話題になるのは、それが人類の営為によってもたらされたと考えられるからです。地球温暖化の主因と考えられる温室効果ガスの排出は、それこそ人類の繁栄に伴って増大してきました。18世紀半ばの産業革命は温室効果ガスの排出を加速する契機となりましたが、何よりも地球規模での人口増大が大きく拍車をかけることとなりました。SDGsに代表されるように、地球の持続可能性への課題は人類共通の認識となっていますが、果たして有効な手立てはあるのでしょうか。氷河期とは違い、現代の気候変動が人類の活動によってもたらされた以上、我々人類が持続可能性への解答を導かなければなりません。地球の歴史くらいの長いスパンで眺めてみれば、いずれは変わってゆく地球環境に適応するように進化を遂げるのかもしれませんが、それよりも今差し迫っている危機にどう対処するのか、それこそ人類の叡智が問われるところです。

国連における「持続可能な開発のための2030アジェンダ」（SDGs）には、17の持続可能な開発目標が掲げられています。目標13「気候変動及びその影響を軽減するための緊急対策を講じる」、目標14「持続可能な開発のために海洋・海洋資源を保全し、持続可能な形で利用する」、目標15「陸域生態系の保護、回復、持続可能な利用の推進、持続可能な森林の経営、砂漠化への対処、並びに土地の劣化の阻止・回復及び生物多様性の損失を阻止する」は直接的に気候変動に関連するものですが、それ以外の開発目標もこの問題と大きく関わっています。課題解決に必要な叡智とは、それこそ「総合知」であって、人文学や社会科学、自然科学などの専門知の壁を越えた知の結集が求められているのです。

東北大学教養教育院（Institute of Liberal Arts and Sciences, Tohoku University）は未来を創造する新たなリベラルアーツ、総合知を目指して設立されました。東北大学教養教育院叢書「大学と教養」シリーズはその活動の根幹をなすもので、これまで「教養と学問」、「震災からの問い」、「人文学の要諦」、「多様性と異文化理解」、「生死を考える」、「転換点を生きる」を主題として論考を重ねてきました。シリーズ第7巻となる本書では、「環境と人間」を主題として取り上げました。本書は東北大学で近年実施された2つの教養教育特別セミナー「SDGsと東北大学の挑戦—気候変動を巡って」（2022年度）、「「地球温暖化」—フェイクニュース？」（2019年度）と、若手主体のILASコロキウム（2021年度）での講演内容を踏まえ、教養教育院総長特命教授を中心に編纂、執筆いただいたものです。気候変動やそれによってもたらされる自然災害、あるいは人類の営為によってもたらされたさまざまな環境問題などを、第一部では自然科学の立場から、第二部では主に社会との関わりの視点から論考しています。地球における人類という種の存亡の機にあって、総合知を生むための刺激の一助となれば幸いです。また、本書を契機に、これまでの叢書シリーズを手に取っていただけるとしたら望外の喜びです。総合知の創造に向けた教養教育院の挑戦に共感いただけることを願ってやみません。

東北大学教養教育院
院長　滝澤博胤

目　次

第一部

第一章　地球温暖化の現状

花輪　公雄

はじめに

地球温暖化（global warming）の進行が止まらない。ますます加速しているようにも見える。はじめに、そんな状況を、日本の例として2023年3月の気温と桜の開花の状況から、世界の例として世界気象機関（World Meteorological Organization：WMO）が公表した2022年の世界の気候に関する年次報告書から述べる。

気象庁は毎月月初めに、前の月の天候の概要を報告する。2023年3月の天候については4月3日に報道発表を行った（註1）。それによれば、「(略）気温は北・東・西日本でかなり高く、沖縄・奄美で高くなりました。」というもので、ほぼ日本中が高い気温で推移したというのである。実際、1946年の統計開始以降、北日本（気象庁の区分では北海道、東北地方）と東日本（関東甲信、北陸、東海地方）で1位、西日本（近畿、中国、四国、九州北部、九州南部の各地方）で1位タイの記録であった。現在の平年値は1991年から2020年までの30年間平均値であるが、平年値よりも北日本・東日本で3.4℃、西日本で2.6℃高い気温であった。この記録的な高温に伴い、サクラの開花も著しく早まり、東京は3月8日と平年より9日早い開花、仙台は3月26日と13日早く、札幌は4月15日と16日早い開花となった（註2）。東京の開花は2020年、2021年に並ぶ最速タイの記録であり、仙台と札幌は史上最速の開花である。

WMOは2023年4月21日に「全球気候の状況2022（State of the Global Climate 2022)」を公表した（註3）。それによると、2022年の平均気温は、気温を下げる方向に作用する太平洋赤道域のラ・ニーニャ現象が3年連続して起こっていたにもかかわらず、1850年から1900年の間の平均気温よ

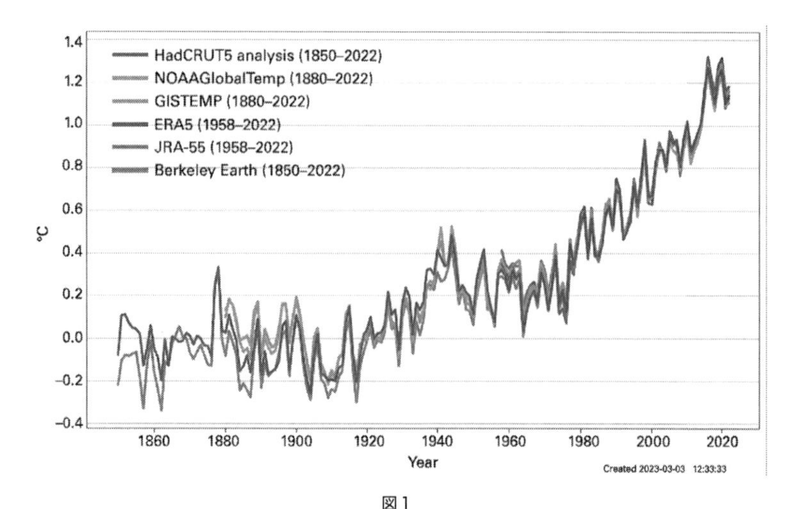

図１
全球年平均気温の 2022 年までの時系列。縦軸は、1850 年から 1900 年までの 51 年間の平均値からの偏差。使用されたデータは、日本の気象庁（JRA-55）を含む世界の６つのデータセット。WMO『State of the Global Climate 2022』(2023)（註3）から引用。原図はカラー。

り 1.15℃(90%の信頼区間は 1.02 から 1.28℃）高いものであった（図 1)。この平均気温は、使用した６つのデータセット間で少し異なるが、1850 年以降５位もしくは６位の高温である。また、2015 年から 2022 年までの８年は、1850 年以降もっとも高温の８年に一致する。主要温室効果気体（後述）である二酸化炭素（CO_2)、メタン（CH_4)、一酸化二窒素（N_2O）の大気中濃度の 2021 年の平均値も、それぞれ 415.7 ± 0.2ppm（註4）、1908 ± 2ppb（註5）、334.5 ± 0.1ppb と、すべてで観測史上最高の濃度を記録した。なお、これらの濃度の値が 2022 年でなく 2021 年であるのは、気温に比して集計・分析に時間がかかるからである。

報告書などの紹介はここまでにするが、冒頭に述べたように、現在温暖化の進行は止まる気配を見せない。

本稿の目的は、この地球温暖化の現状を紹介することにある。ここで主に依拠するのは、国際連合の一組織である IPCC（詳細は第二節で述べる）の評価報告書である。この組織には世界中の多くの研究者が参加しており、評価報告書には評価当時得られているもっとも確からしい知見がまとめられている。これらの知見の中から私なりに重要事項を選び記述することにしたい。

本項の構成は以下のとおりである。第一節では地球温暖化とはどのような現象なのかを解説する。第二節では、IPCC の組織と活動について紹介する。第三節では、IPCC が 2021 年に公表した最新の第 6 次評価報告書の概要を紹介する。第四節では、温暖化とともに進行している海洋の変化について述べる。

第一節　地球温暖化

地表面から平均すれば十数キロメートルの高さを持つ対流圏の気温が、全球一様ではないものの長期的に上昇する現象を地球温暖化（以後、単に温暖化と記載）と呼ぶ。気候変化（climate change）の一つである。その最大の要因は大気組成の変化、すなわち「温室効果気体」の増加である。18 世紀後半に蒸気機関の実用化を起点として産業革命が起こった。以後、人類が石油や石炭、天然ガスなどの化石燃料を大量に消費したことにより、二酸化炭素、メタンなどの温室効果気体が大気に残留蓄積することとなった。さらに爆発的な人口増加を背景に、森林から畑作地・牧草地への転換などや、人工物の建設などによる地表面の改変、さらには牧畜による家畜の増加なども要因の一つと考えられている。

1.1　温室効果気体と地表面気温

地球は太陽から届く可視光線で熱エネルギーを獲得し、赤外線で同量のエネルギーを宇宙空間へと放射している。もし、地球を取り巻く大気が可視光線や赤外線に一切反応（応答）しない（気体分子の運動が励起されない）とすれば、地球のアルベド（albedo：反射能：入射エネルギーと反射エネルギーの比）を 0.3 とすると、地球へ正味入射するエネルギーと地球が放射するエネルギーの釣り合いの関係から、地表面温度は平均－19℃とならなければならない。このようにして決まる温度を、放射平衡温度（radiation equilibrium temperature）という。

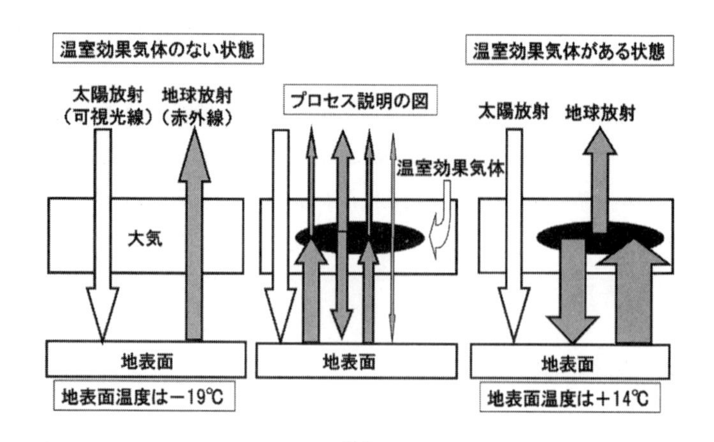

図2
温室効果気体の存在により地表面温度が上昇する仕組みを示した図。真ん中のパネルは地表面気温が調節されるプロセスを描いたもの。花輪（2017）（註6）から引用。

ところが、現在の地球の地表面温度はおおよそ14℃台である。この33℃という温度差をもたらしているのは、地球大気に含まれる水蒸気（H_2O）、二酸化炭素、メタンなど、赤外線に応答する（分子運動が励起される）気体の存在である。これらの気体により、地表面と大気との間に赤外線で熱エネルギーが循環するループができ、結果として地表面は太陽からの可視光線と大気からの赤外線の双方によって温められることになり、温度が上昇する（図2）（註6）。このような状態が‘温室’に喩えられるので、この効果を温室効果（greenhouse effect）、この効果をもたらす気体を温室効果気体（greenhouse gas：GHGと略されることも多い）と呼ぶ。

すなわち、現在の地球が凍結してしまうことなく、生物の生存に適した温度環境を持つのは、水蒸気を除くと、全てを集めても体積で0.1%にも満たないごく微量の温室効果気体の存在なのである。

なお、水蒸気は量が多く、温室効果気体の中で最大の役割を担っているが、時間的にも空間的にも、ほぼゼロ%から数%と変動が大きいので、一般には大気組成の中には含めない。さらに、水蒸気は人為的に制御できるものでないので、温暖化抑制の議論においては削減の対象にもなっていない。

惑星大気中に温室効果気体があると環境を大きく変える例として、太陽系惑星の一つである金星を挙げることができる。金星は、ほぼ（95%）二酸化炭素からなる90気圧以上もの厚い大気に覆われている。金星のアルベドは0.8と地球の0.3よりもはるかに大きいので、地球よりも太陽に近いにもかかわらず、単位面積当たりの太陽からの正味の入射エネルギーは地球よりも小さな値である。しかしながら、厚く高濃度の二酸化炭素による温室効果の結果、金星の表面温度は400℃を優に超える状態にある。

1.2　‘温暖化問題’とは

前節に述べたとおり、温室効果気体の存在により地表面気温は高くなり、地球の環境は生物生存に適する温和なものとなっている。では、現在進行しつつある温暖化はどこが問題であるのだろうか。温暖化の影響はあらゆるところに及ぶが、もっとも重大でかつ深刻な影響は、温室効果気体が短期間に著しく増加しているため、気温の上昇も急激で、動物や植物などをはじめとする生態系が、この時間的に急激な変化に適応できないことにある。

図3(a）に、過去約2000年（紀元1年から2020年）にわたる気温変化を示す。測器（温度計）を用いた資料は1850年以降に限られ、それ以前は木の年輪やサンゴの骨格などの代替え資料（proxy data）を用いて復元したものである。図3(b）はその拡大図で、1850年以降の気温の変化に加え、数値モデルを用いた2種類の歴史実験（再現実験とも呼ぶ）の結果も重ねている。2種類とは、自然起源の要因のみを与えた実験と、自然起源の要因に加えさらに人為起源の要因、すなわち温室効果気体の増加などを与えた実験である。この図から、過去2000年間は気温の低下傾向が支配的であったが、産業革命以降、とりわけ1970年代以降は急激に昇温していること、そしてこの最近の急激な気温上昇は、自然起源の要因

in at least the last 2000 years

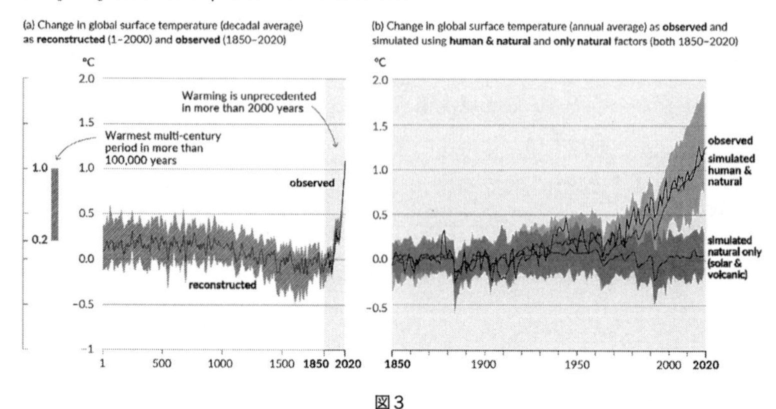

図3

世界平均気温の過去 2000 年にわたる変化（左図）と、1850 年以降の拡大図（右図）。左図は代替え資料を用いて再現した気温（紀元 1 年から 2000 年）と、測器で計測した気温（1850 年から 2020 年）を重ねて示している。網掛けの部分は、90%の信頼区間。右図には、観測された気温の時系列に、人為起源と自然起源の要因、または、自然起源の要因のみを考慮した数値シミュレーションの結果も重ねている。縦軸は、1850 年から 2000 年までの平均値からの偏差。IPCC AR6/WG1-SPM（2021）から引用。原図はカラー。

のみでは説明できず、人為起源の要因、すなわち、温室効果気体の急増が主な要因であることを示している。

私はよく次のような喩え話をしている。ガラスでできたコップを水の中に入れ、ゆっくりと温める。このコップは沸騰するお湯になっても壊れないだろう。ところが、ふつふつと煮えたぎるお湯の中に、常温のコップを入れたらどうだろうか。入れた瞬間に壊れてしまうに違いない。現在の温暖化の急激な進行では、地球の生態系は煮えたぎるお湯の中に入れられたまだ冷たいコップに喩えられるのである。

はじめにに述べたように、18 世紀後半に始まる産業革命以来、温暖化により地表面気温は既に 1 ℃以上も上昇したと評価されている。このような短期間の急激な気温上昇に対して、生態系に異変が起きているとの指摘が既に数多くなされている。

1.3　気温上昇抑制幅の認識

2000年代に入り、温暖化と生態系の関係についての研究が蓄積されるにつれ、温暖化による気温上昇を、産業革命前の気温より2℃以内に抑えようとの認識が生まれてきた。2℃より高くなると、不可逆的な生態系破壊が起こるであろうとの認識である。この2℃の閾値のことを、当初、航空用語を用いて「ポイントオブノーリターン（point of no return：帰還不能点）」、すなわち、‘もう戻ることができない点’と呼んでいた。最近は「ティッピングポイント（tipping point：転換点）」、すなわち、‘大きな変化が起こる点’と呼ぶことが多い。

気温上昇の抑制幅に数値目標が定められたのは、2015年12月にフランス・パリで開催された「気候変動に関する国際連合枠組条約（United Nations Framework Convention on Climate Change：UNFCCC）」の「第21回締約国会議（COP21）」においてである。この会議で、「世界の平均気温上昇を産業革命以前に比べて2℃より十分低く保つ（2℃目標）」とともに、「1.5℃に抑える努力を追求する（1.5℃努力目標）」こととされた。この1.5℃努力目標の制定には、海面上昇によって国土が消失してしまうなどの危機感をフィジー、タヒチ、ツバルなど海面高度の低い島嶼国が持ったことが反映されている。また、この気温上昇幅の制定や、そのための温室効果気体（実質的には二酸化炭素）排出の削減シナリオの概要などが合意された。これらの合意内容を総称して、「パリ協定（Paris Agreement）」と呼んでいる。

この会合では同時に、IPCC対して2018年までに1.5℃の気温上昇による様々な影響や1.5℃に抑えるための温室効果気体排出シナリオについてまとめるよう依頼した。IPCCは、この依頼に応え、略称「1.5℃特別報告書」を2018年10月に公表した(註8)。この報告書では、生態系の破壊等は2℃の気温上昇よりも1.5℃の方がはるかに低減できること、1.5℃以内の気温上昇に抑えるためには2050年前後に人為起源の温室効果気体の排出量を正味ゼロにすることが必要であること、などを報告している。

第二節　気候変動に関する政府間パネル（IPCC）

2.1　気候変動に関する政府間パネルの設立

1896年、スウェーデンの化学者スヴァンテ・アレニウス（Svante August Arrhenius：1859年-1927年、1903年のノーベル化学賞受賞者）は、大気中に温室効果気体が存在すると、地表面の気温が上昇することを理論的に見出した。そのおおよそ半世紀後、米国のカリフォルニア州立大学サンディエゴ校スクリップス海洋研究所チャールズ・キーリング（Charles David Keeling：1928年-2005年）らは、1957/58年の国際地球観測年（International Geophysical Year：IGY）に、ハワイ島のマウナロアと南極で大気中の二酸化炭素濃度の計測を開始した。以後現在までこの計測は継続している（図4［註9］）。この計測が始まるや否や、すぐに季節変動を伴いながらも右肩上がりに大気中の二酸化炭素濃度が上昇していることが判明した。このようなことを背景に、1970年代後半から気候研究の重要性が認識され世界気候計画（World Climate Program：WCP）が制定され、1980年代に入るとその科学的解明のための世界気候研究計画（World Climate Research Program：WCRP）が走り始める。

このような中、1988年11月、WMOと国連環境計画（United Nations Environment Programme：UNEP）が共同スポンサーとなり、IPCCが設置された。IPCCはIntergovernmental Panel on Climate Changeの頭文字を連ねたもので、日本では「気候変動に関する政府間パネル」と呼んでいる。学術的には「climate change」は「気候変化」であり、「climate variation」が「気候変動」なのであるが、当初そのように訳されたので、現在もその訳語を使っている。そのためであろうか、日本のメディアも地球温暖化に対して気候変動を用いるようになった。

IPCCは3つのワーキンググループ（working group：WG：作業部会と訳されている）と1つのタスクフォース（taskforce：TF）からなる。WG1（第1作業部会）は気候変動（地球温暖化）の科学的根拠について、WG2は温暖化の影響・適応・脆弱性について、WG3は温暖化の緩和策について、それぞれの知見を評価する。タスクフォースは各国の温

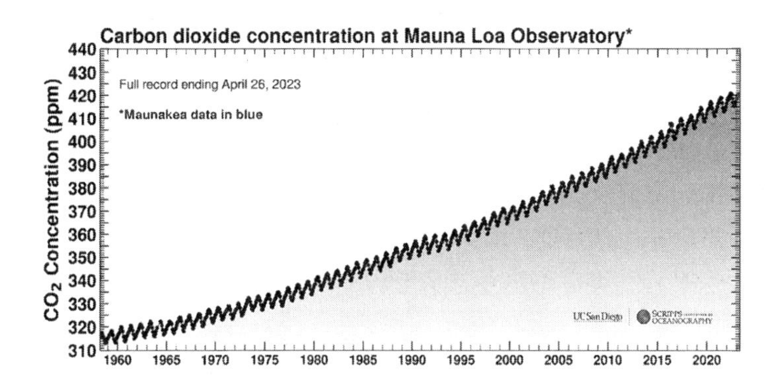

図4
ハワイ・マウナロアで実測された二酸化炭素濃度（ppm）の時系列。観測開始から2023年4月26日まで。カリフォルニア大学サンディエゴ校（UCSD）スクリップス海洋研究所のウェブサイトから引用。原図はカラー。

室効果気体の排出量・吸収量（インベントリ（inventory）と呼ばれる）の目録を作成することを目的としている。WGは、温暖化研究を直接行う組織ではなく、「公表されている学術文献に基づいて、その時点で最も確からしい知見を評価してまとめ、公表すること」を目的としている。各WGには、世界中から数百名（1 WG当たり150-200名）の研究者が参加する。

なお、IPCCが設置された1988年は、6月に当時米国航空宇宙局ゴダード宇宙研究所の気象・気候研究者ジェームズ・ハンセン（James Hansen、1941年-）所長が、上院エネルギー資源委員会における公聴会で、地球温暖化が進行しているとの意見を公表し、社会的に大きな話題となった年でもある。

2.2　IPCC評価報告書の公表

IPCCは5～8年おきに評価報告書（assessment report: ARと略される）を公表してきた。WG1のARの公表年は、1990年（1次: FAR)、1995年(2次：SAR)、2001年（3次：TAR)、2007年（AR4)、2013年（AR5)、2021年（AR6）である。

AR は各国で政策立案のために使用されることになる。そのため、記載内容が各国とも共通理解となるように、AR に使用される「表現」の意味を共有することが重要となる。主な言葉使いを紹介すると、「利用できる証拠の程度の度合い」は、「限られた」、「中程度の」、「確実な」の表現を用いる。「見解の一致」に対しては、「低い」、「中程度の」、「高い」の表現を用いる。「確信度」については、「非常に低い」、「低い」、「中程度の」、「高い」、「非常に高い」の表現を用いる。

もっとも注意深い言葉使いは、「成果あるいは結果の可能性」に対してなされている。可能性に対する確率の範囲により、以下に示すような表現を取ることとしている。

＜表現＞	＜確率＞	＜備考：本文参照＞
「ほぼ確実（virtually certain）」	99-100%	
「可能性が極めて高い（extremely likely）」	95-100%	AR5 の表現
「可能性が非常に高い（very likely）」	90-100%	AR4 の表現
「可能性が高い（likely）」	66-100%	AR3 の表現
「どちらかと言えば可能性が高い（more liely than not）」	50-100%	
「どちらも同程度（about as likely as not）」	33-66%	
「可能性が低い（unlikely）」	0-33%	
「可能性が非常に低い（very unlikely）」	0-10%	
「可能性が極めて低い（extremely unlikely）」	0-5%	
「ほぼあり得ない（exceptionally unlikey）」	0-1%	

さて、ではこれまでの AR で「地球温暖化の要因」に対してどのような表現を用いてきたのだろうか。WG1 がまとめた各 AR の最終的な「地球温暖化の要因」に対する評価（見解）について、以下に記す。

・第 1 次評価報告書（FAR、1990）

「観測された気温上昇は、主に自然的要因に起因している**可能性も**

ある。」

・**第2次評価報告書（SAR、1995）**

「事実を比較検討した結果、識別可能な人為的影響が地球全体の気候に表れていることが**示唆される。**」

・**第3次評価報告書（TAR、2001）**

「過去50年間に観測された温暖化の大部分は、温室効果気体濃度の増加によるものであった**可能性が高い。**」

・**第4次評価報告書（AR4、2007）**

「人為起源の温室効果気体の増加により、20世紀半ば以降の世界平均気温の上昇のほとんどがもたらされた**可能性が非常に高い。**」

・**第5次評価報告書（AR5、2013）**

「人間活動が20世紀半ば以降に観測された温暖化の主要な要因であった**可能性が極めて高い。**」

上記のようにTAR以来、「地球温暖化は人為起源である」との評価が1ランクずつ上がってきていた。これは、観測資料の更なる蓄積や、古気候の再現などにより得られた観測的知見が増えてきたこと、コンピュータの能力の向上とともに地球温暖化・気候変動の研究に用いてきた数値モデルが精密化し、得られた成果の信頼度が向上してきたことによる。では、2021年に公表された最新のAR6ではどうだったのだろうか。

・**第6次評価報告書（AR6、2021）**

「人間の影響が大気、海洋及び陸域を温暖化させてきたことは**疑う余地がない。**」

すなわち、AR6では、「ほぼ確実」（確率99-100%）なる表現を飛び越えて、「疑う余地がない」（確率100%）と「断定」したのだった。英語では、「It is unequivocal that 〜〜」との表現である。

なお、このようなARの定期的な公表の他に、第一節1.3に述べたように「1.5℃特別報告書」のような特別報告書も随時公表されている。

2.3　評価報告書の作成過程

私は2005年から2007年の間、気象庁からの推薦を受けて、WG1、第4次評価報告書（AR4)、「第5章　海洋」の主要執筆者（lead author）として作成に携わった。その経験からARが公表されるまでの過程をごく簡単に紹介したい。

AR作成の準備は公表予定の数年前から始まる。ARの章立てなどの構成の議論とともに、各WGの議長と執筆者が決定される。執筆者は、研究実績を背景に、各国からの推薦に基づき、研究分野・地域・年齢・性別のバランスなどを考慮して決定される。私が参加したAR4の「第5章海洋」のメンバーは12名で、ドイツ（共同議長)、フランス、イギリス、イタリア、アメリカ（2名)、カナダ、オーストラリア（共同議長)、ロシア、インド、日本（2名）からの参加者であった。また、この章の査読者（reviewer）として、ニュージーランドとフランスからの研究者が各1名が選ばれた。その他、貢献執筆者（contributing author）として世界各国から数十名の研究者の参加があった。主要執筆者に加え、これら貢献執筆者も報告書に氏名・国名が記載される。

最終稿をまとめるまで、1年半の間で半年ごとに4回の会合が世界各地で開かれる。各会合で準備された原稿（第0次原稿から第2次原稿）は、研究者と政府（実際は国の研究機関）による査読が行われる。3回の査読を経て最終稿がまとめられるが、毎回、一つの章に対して数千ものコメントが、世界中の研究者や政府から寄せられる。執筆者グループは、それら一つ一つを検討し、取り入れたり、却下したりなどの回答を準備し公開する。このような過程を経て、初会合からほぼ2年を費やしてようやく最終稿がまとまる。この最終稿は、いわば「総説（レビュー）論文」ともいうべきもので、第1WGのARだけでも、全11章を合わせるとおよそ1,000ページもの分量となる。これらは後に本として出版される。

WG 全体の報告書は大部なものとなるので、上記の一連の過程と並行して、それらを要約した「政策決定者向け要約（Summary for Policy Makers：SPM)」が準備される。SPM は、主要かつ重要な内容を簡潔な文章でまとめたもので、分量も制限されたものとなる。WG1 の AR6-SPM（以後、AR6/WG1-SPM と略記）の場合は、図表を入れても全 32 ページである。

この SPM は、パリのユネスコ本部で開催される各国の政府関係者が出席する最後（5 回目）の会議で承認されることになる。この最後の会合では、SPM の一つ一つの項目ごとに各国が承認するかどうかの手続きがなされる。したがって、各国の立場の違いにより、まとめの文章表現に対して厳しい意見が交わされることもあり、会議の予定が大幅に伸びることになる。

繰り返しであるが、IPCC 自身は研究を行う場ではなく、既存の公表されている文献からその時点でもっとも確からしい知見を評価しまとめることを任務としている。したがって、AR に引用された文献は、いわば重要な文献としてのお墨付きを得た形になる。そこで、研究者は AR に引用されるような研究テーマを選んだり、研究のタイミングを AR のスケジュールに合わせたりすることになる。また、AR に何編の論文が引用されたかをもって、研究グループの活動度を評価したりすることになる。研究者にとっても AR は重要な文献であり、AR が研究者の注目を集めている背景にはこのような事情もある。

第三節　地球温暖化の現状－ AR6 を基にして－

この節では、2021 年に IPCC が公表した AR6/WG1 を基に、地球温暖化の現状について述べる。3.1 では、その概要として政策決定者向け要約（SPM）の‘ヘッドラインステートメント’の一部を紹介する。これらの文章は抽象的な表現であるが、地球温暖化に対する科学的知見の現状が簡潔にまとめられている。3.2 では、二酸化炭素の累積排出量と世界平均気温の上昇量との関係を述べる。3.3 節では、日本版 IPCC の評価報告書である「日本の気候変動 2020 －大気と陸・海洋に関する観測・予測評価報告書－」を紹介する。

3.1　第 6 次評価報告書の概要

「政策決定者向け要約（SPM）」では、その内容が正確かつ明解に伝わるように、「ヘッドラインステートメント」と呼ばれる冒頭の数行の文章で、結論を簡潔に伝える工夫をしている。ここでは、気象庁が訳した AR6/WG1-SPM のヘッドラインステートメントを紹介する（註 10）。

AR6/WG1-SPM は、現在気候の状況を分析・評価した「A. 気候の現状」、気候数値モデルを用いた将来予測をまとめた「B. 将来ありうる気候」、短期の気象現象の極端化や地域特性などをまとめた「C. リスク評価と地域適応のための気候情報」、温室効果気体排出シナリオによる気候変化をまとめた「D. 将来の気候変動の抑制」の、4 つの項目からなる。ヘッドラインステートメントは、各項目で 2 ～ 4 つ設けられた。以下この節では、A と B の項目について、気象庁による日本語訳を引用する。

【A. 気候の現状】

A.1　人間の影響が大気、海洋及び陸域を温暖化させてきたことには疑う余地がない。大気、海洋、雪氷圏、及び生物圏において、広範かつ急速な変化が現れている。

A.2　気候システム全般にわたる最近の変化の規模と、気候システムの多くの側面における現在の状態は、数百年から数千年にわたって前例のないものである。

A.3　人為起源の気候変動は、世界中の全ての地域で多くの極端な気象と気候に既に影響を及ぼしている。熱波、大雨、干ばつ、熱帯低気圧などの極端現象について観測された変化に関する証拠、及び、特にそれらの変化が人間の影響によるとする要因特定に関する証拠は、AR5 以降強まっている。

A.4　気候プロセス、古気候的証拠、及び放射強制力の増加に対する気候システムの応答に関する知識の向上により、平衡気候感度の最良推定値は3℃と導き出され、その推定幅はAR5よりも狭まった。

A.1では、既に述べてきたように、現在進行中の温暖化は人為起源と断定した。そして、A.2では、現在直面している気候システムの変化の状況は、過去数千年の中で前例のない特異な状況、すなわち、大規模に、かつ急変していると評価している。A.3では時間スケールの短い極端現象（extreme event：報道では異常気象と使われることが多い）の発生も、温暖化の影響を受けていることが分かってきたと述べられている。A.4の文中の‘平衡気候感度’とは、温室効果気体が倍増した時の世界平均気温の上昇量のことであり、これまでの見積もりにはかなりの幅があったが、次第に精密な見積もりができて3℃がもっともらしいと評価されたことを述べている。なお、‘放射強制力’とは、温室効果気体の増加など、何らかの変化が起こった時の気候システムへの影響を、放射エネルギーの数値で表現した値を指す。

【B.将来ありうる気候】

B.1　世界平均気温は、考慮された全ての排出シナリオの下で、少なくとも今世紀半ばまで上昇し続ける。向こう数十年の間にCO_2及び他の温室効果ガスの排出が大幅に減少しない限り、21世紀中に1.5及び2℃の地球温暖化を超える。

B.2　気候システムの多くの変化は、地球温暖化の進行に直接関係して拡大する。これには、極端な高温、海洋熱波、大雨、及びいくつかの地域における農業及び生態学的干ばつの頻度と強度の増加、強い熱帯低気圧の割合の増加、並びに北極域の海氷、積雪及び永久凍土の縮小が含まれる。

B.3　地球温暖化が続くと、世界の水循環が、その変動性、地球規模のモンスーンに伴う降水量、及び湿潤と乾燥に関する現象の厳しさを含め、更に強まると予測される。

B.4 CO_2 排出が増加するシナリオの下では、海洋と陸域の炭素吸収源が大気中の CO_2 蓄積を減速させる効率が低下すると予測される。

B.5 過去及び将来の温室効果ガスの排出に起因する多くの変化、特に海洋、氷床、及び世界の海面水位における変化は、数百年から数千年にわたって不可逆的である。

このBの項目は、'気候モデル'と呼ばれる大気海洋結合数値モデルを用いた研究成果のまとめである。B.1では、今後想定される温室効果気体が大幅に減少しない限り、ほとんどの排出シナリオで、21世紀中に1.5℃どころか2℃を超えるとの結果であったことを述べている。B.5では、気温以外の、特に海洋に関する環境は、今後数百年から数千年にもわたって変化し続けることを指摘している。

なお、B.1に「排出シナリオ」なる言葉が出てきた。今後の温室効果気体の濃度変化は、経済の発展や、技術の発展、温暖化対策の実行の程度などによって異なる。そこで、有り得るべき排出変化をいくつか想定してモデルに与えることになる。この変化を「排出シナリオ」と呼んでいる。AR6では、将来の社会経済の発展の傾向を仮定した'共有社会経済経路'と放射強制力を組み合わせてシナリオが作られている。大胆にまとめれば、21世紀半ばまで温室効果気体の排出を厳しく抑制するシナリオから、現状のままのような何の抑制もしないシナリオまでの範囲で選ばれた。将来予測の例は次小節に述べる。

3.2　温室効果気体の累積排出量と温暖化の関係

2013年に公表された第5次評価報告書（AR5）で、人類が排出した二酸化炭素の累積排出量と、温暖化による世界平均気温の上昇量が、線形関係、すなわち比例関係にあることが見いだされた。この関係性の発見は、二つの観点からAR5でなされたもっとも重要な成果ではないかと私

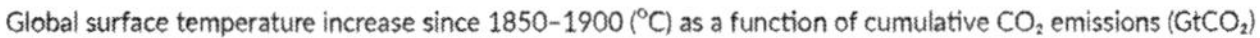

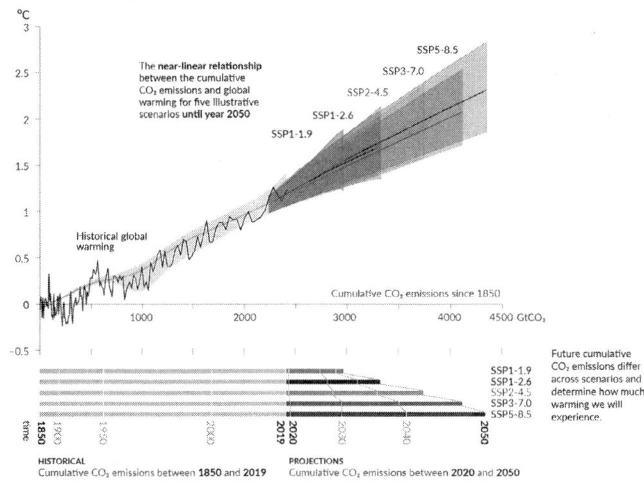

図5

1850年以降の二酸化炭素の累積排出量（横軸）と、世界平均気温上昇（縦軸）との関係。縦軸は、1850年から1900年の間の平均値からの偏差。実線は観測値。帯状に網掛けしているのは数値モデルによる再現実験（1850年から2019年まで）と将来予測（2020年から2050年まで）。将来予測では、5つのシナリオを用いて計算。網掛けの幅は90%信頼区間。IPCC AR6/WG1-SPM（2021）から引用。原図はカラー。

は考えている。すなわち、一つは、地球の持っている自然要因による気温変動を凌駕して温暖化が進行していることを如実に示していることから、もう一つは、1.5℃や2℃の昇温に至るまでの残余の排出量を評価できることになったからである。

AR6でもこの観点からの評価が行われた（図5）。横軸が1850年からの二酸化炭素量（$GtCO_2$：ギガトン）で、縦軸が世界平均気温の上昇量（℃）である。上昇量は1850年から1900年までの51年間の平均値からの偏差として表現されている。二酸化炭素の累積量が1000 $GtCO_2$ になるまでは2つの関係はぎくしゃくしているが、それを超える辺りから右肩上がりの線形関係となっていることが分かる。すなわち、累積排出量が多くなればなるほど、昇温量も大きくなるという結果である。

この図には2020年以降2050年までの数値モデルによる予測も書き加え

られている。計算は、非常に少ない排出量のSSP1-1.9から、非常に多い排出量のSSP5-8.5までの、5つの排出シナリオの予測結果が示されている。前小節のB.1に述べられたように、どのシナリオでも昇温は続き、パリ協定の努力目標である1.5℃はすべてのシナリオで、目標である2℃は排出量の多い2つのシナリオで、2050年までに達してしまうことを示している。すなわち、格段の二酸化炭素排出の抑制をしなければ、早晩パリ協定の目標（2℃）や努力目標（1.5℃）は達成することができないことを意味している。

3.3　日本における気候変動の評価分析と将来予測 －日本版IPCCレポート－

IPCCの評価は世界中を対象としているので、どうしても空間的に荒い評価となる。実際、AR6では世界の陸地（居住地）を45の領域（参照地域）に分けて分析している。日本はその一つである「EAS（East Asia)」に含まれる。世界を対象としているIPCCの取り扱いはやむをえないが、島国で小さな面積とはいえ、東西・南北に広がる日本であるので、より詳細な空間スケールでの詳細な評価が望まれる。とりわけ近年、気象現象の極端化が頻発するようになり、気象防災の観点からもきめ細かい評価分析と将来予測が望まれている。

このような事情を背景に、日本版IPCC AR/WG1として「日本の気候変動2020 －大気と陸・海洋に関する観測・予測評価報告書－」が、文部科学省と気象庁の連名で2020年12月公開された。この観測・予測評価報告書は、概要版（14ページ)、本編（50ページ)、詳細版（263ページ）からなり、さらには、それぞれ4ページからなる都道府県版リーフレットも作成されている。なお、これらは冊子体ではなく、すべてPDFファイルの形でウェブサイトへに掲載され、誰でも自由にダウンロードできる(註11)。

報告書では、日本における気候変動の過去の推移が分析されるとともに、気候モデルを用いた将来予測が述べられている。この将来予測は、

2013年に公表されたAR5の将来予測で用いられた4つのシナリオの中で、21世紀末の世界平均気温が2℃と4℃上昇となる2つのシナリオ(具体的にはRCP2.6とRCP8.5と呼ばれる）に対して記述された。

この観測・予測評価報告書は、国や地方公共団体、事業者、そして国民が、気候変動の実態を知り、今後の対応・対策の立案に際して参考となるように編集された。本編では、気温や降水量、積雪など、大気と海洋に関する25項目で変化の実態を述べ、さらに2℃と4℃上昇後の予測を述べている。各項目の題名は、「1. 温室効果ガスの大気中濃度は増加を続けている」、「2. 平均気温の上昇と共に極端な高温の頻度も増加している」、「3. 今後も平均気温の上昇と極端な高温の頻度の増加が予測される」など、文章の形にしており、読者フレンドリーな工夫がなされている。この観測・予測評価報告書は幸い好評を持って迎えられた。

2022年には、上記観測・予測評価報告書を補完するものとして、気候変動予測データを取りまとめた「気候予測データセット2022」、データセットの内容、利用上の注意点等をまとめた解説書を、同じく文部科学省と気象庁の連名で公表している(註12)。

ここに述べた「日本の気候変動」と「気候予測データセット」は5年ごとに公表することにしており、現在2025年発行予定の「日本の気候変動2025」の準備が行われている。

第四節　地球温暖化と海洋

最近、今まで獲れた魚種が漁場からいなくなってしまった、寒冷な海域なのに暖水系の魚種が獲れるようになった、サンゴが白化してしまった、海草がなくなってしまった、などの報道や報告が相次ぐ(註13・14)。海にも温暖化の影響が着実に現れ、海の生態系に異変が起こっている。本節では、大気とともに気候を形成し、長期の変動をもたらす要因となっている海の温暖化について述べる。なお、この節は花輪（2020）(註15)に加筆・修正を加えたものである。

4.1　海洋の特徴と気候形成における重要性

気候の形成とその変動や変化には、気候を具現化している気圏（圏：sphereは地球を取り巻いているという意味）に加え、地圏、海洋を含む水圏、雪氷圏、生物圏、そして人間圏が複雑に関与している。気圏だけでは長期の変動は作ることができず、他の圏との相互作用があって初めて長期変動が起こる。中でも、地表面の70%を占め、地球表層の97%の水を貯える海洋は、気候に長期の変動や変化を作り出す主な要素である。

物質としての「水（H_2O)」は、地球環境では固体（氷)、液体（水)、気体（水蒸気）の三相を取りうる。液体としての水は、比熱容量や、融解や蒸発の潜熱、さらには物質を溶解する能力が、すべての物質中でも１～２位を争う大きさを持つという極めて特異な物質である。そして海水は、ナトリウムなどの陽イオンと、塩素などの陰イオンを含んだ水である。これらのイオン化合物を総称して塩類と呼ぶ。平均すれば海水1キログラムに35グラムの塩類が含まれており、この状態を塩分35と表現する。塩類を含むため、結氷点が－2℃になり、また、密度は温度が低くなるほど高くなるなど、淡水とは違った物性を持つ。

現在の地球の気候を作るうえで、海洋は重要な役割を担っている。ここでは、いくつかの観点から、気候形成における海洋の重要性をみていく。

(1) 海洋による熱の南北輸送

海水は大気と同様流体であるので、外力が加えられると容易に動きだす。その詳細は省くが、海洋と大気の運動により、熱エネルギーは低緯度から高緯度へと輸送されている。これを熱の南北輸送（または子午面輸送）と呼ぶ。地球は流体の層を持たない惑星よりも、地表面温度は空間的により一様化されている。

(2) 海洋の大きな貯熱能力

空気に比べ海水は大きな質量と大きな比熱容量を持つので、大量の熱を貯えることができる。これは多少の熱の出入りがあっても海洋の温度変化が小さいことを意味する。温暖化に伴い海洋はここ60年の間に15×10の15乗ジュールの熱を貯えた。AR6での評価では、この量は温暖化で地球が貯えた総熱量の95%ほどを占める。この熱で大気を加熱すれば数十度も昇温する量である。すなわち、海洋は貯熱することで地球温暖化を減速（緩和）させていると言える。しかし、海水が昇温していることで、後述のように環境に様々な変化をもたらす。

(3) 海洋の‘記憶’能力

海洋は、大気とは異なり過去の状態を長く記憶する能力を持つ。海洋は常に大気と熱や淡水のやり取りを行い、また、大陸からは大量の淡水が流れ込む。このため、海水の温度や塩分は、空間的にも時間的にも変動している。海洋はこれらの変動を海中に閉じ込めることができる。例えば、北大西洋の北部や南極の周辺では、大気による冷却のために高密度の海水ができて深層や底層に沈み込む。これらの海水は世界の海洋を数千年かけて循環する（深層循環と呼ぶ）。同様に中層や表層にも潜り込む過程が生じ、それぞれの時間スケールで海面下に過去の状態を記憶する。これらの海水は、時間の経過とともに再び大気と海洋の熱や淡水のやり取りに影響を与える。すなわち、大気と海洋は相互作用系をなしている。

(4) 海洋生態系の物理・化学環境への関与

海洋にはウイルスから細菌、植物・動物プランクトン、様々な魚類やほ乳類などの動物、あるいは海藻・海草などの植物が存在している。これら海洋生態系は、物理・化学環境に対し受動的な存在ではなく、能動的な役割を担っている。単純な例では、表層における生物は可視光線により高温となり、海水の昇温をもたらす。また、ある種の植物プランクトンはディメチルサルファイド（DMS）を作る。DMSは大気中に舞い上がり、酸化されて硫酸化合物となり雲の核となる。すなわち、雲を出来やすくすることで大気海洋相互作用を活溌化させる役割を担う。

4.2 温暖化の進行による海洋の変化とその生態系への影響

これまで述べてきたように、海水と海洋の持つ特徴や特性が、大気が具現化している気候の成り立ち（形成）や変動・変化に対して、重要な役割を担っている。では、温暖化に伴う海洋の変化は、地球の環境や生態系に対してどのような影響を与えるのであろうか。

(1) 海水温の上昇とその影響

前述のように温暖化に伴い海水温が上昇し、海洋は熱を貯える。現在、海洋の表層から深層まで、ほぼ全層で昇温がみられる。気温に比してその大きさは小さいが、表層ほど大きな昇温である。北太平洋の西側に位置する日本周辺の表層は、南方から暖水を運ぶ黒潮が流れている海域であり、他の海域よりも昇温の程度は著しい。

海水の温度の上昇は、直接海洋生態系へ影響する。例えばサンゴは植物プランクトンの一種褐虫藻（かっちゅうそう）と共生しているが、昇温がストレスとなり褐虫藻が離れることでサンゴが白化する（骨格のみ残り、白く見えることから白化現象と呼ぶ）。この状態が長期化するとサンゴの死滅につながる。日本最大の造礁サンゴがある石西礁湖（せきせいしょうこ）や、世界最大のオーストラリア北東沖のグレートバリアリーフでは、既に大規模なサンゴの白化と死滅が進行していると報じられている。

サンゴに限らず、魚類にも大きな影響を与えている。それぞれの魚種には適した水温帯があり、昇温の結果、生育・生存する海域が変わってきている。

昇温は表層ほど大きいので、海水の密度も表層でより低下する。海水の密度分布を成層と呼ぶが、温暖化により表層の密度が昇温のため低下し、より安定な成層を作ることになる。安定な成層は海水の混合を弱化させる。海水に含まれる栄養塩（リン酸、硝酸、ケイ酸などの希少塩類）

は下層ほど濃度が高く、表層の栄養塩は鉛直混合により下層から供給される。すなわち、成層の安定化は表層への栄養塩供給の弱化をもたらすので、食物プランクトンの量を減少させることになる。

一方、海水温の上昇は、相互作用する大気の現象にも影響を与える。現在の地球システムでは、海面水温が28℃を超えると海面からの蒸発が活発となる。この28℃という温度は、台風が発生する海域の目安でもある。また、空気は1℃当たり7％ほど多くの水蒸気を含むことができる。上昇・下降を伴う対流的な運動では水蒸気の潜熱（水滴になるときに放出される熱）が増加するため、運動はより強化され、台風がより発達する要因となっている。

(2) 海水位の上昇

温暖化に伴い大陸上の氷河や、グリーンランドと南極の氷床の融解が進み、大量の水が海洋へと流入し、海水の量そのものが増えている。さらに海水温の上昇に伴い、海水は膨張している。これら2つの要因により、海水位の上昇が続いている。AR6/WG1では、20世紀中に全球平均で20センチメートルほど海水位が上昇したと評価している。現在は3年間で1センチメートルの上昇である。このまま温暖化が進行すれば、シナリオによるが、21世紀末までにさらに数十センチメートルから数メートルの上昇が予想されている。

海水位は、台風や低気圧による気圧低下によっても上昇する。また、沿岸域では風による吹き寄せの効果による上昇もある。沿岸域における海水位の上昇を高潮（たかしお）と呼ぶが、温暖化による海水位の上昇が背景となり、高潮は今後今まで以上に頻繁に起こるとみなされている。また、日本のみならず世界の大都市ほとんどは海岸部に位置しており、海水位上昇に対する対応は莫大な経費がかかる課題となる。

大陸氷河や氷床の融解と海水温の上昇は、気温上昇よりも遅れて進行しており、海水位の上昇は今後数世紀にわたることが予想されている。

(3) 海洋の酸性化

水分子の特異な構造により海水の溶解力は極めて大きく、ほとんどの物質を溶かす能力を持つ。二酸化炭素も一年間に人類が放出する量の30%程度を吸収している。大気中に残留する二酸化炭素を減少させているという点からも、海洋は温暖化進行を抑制している。

海水中では二酸化炭素、重炭酸イオン、炭酸イオンの間で化学平衡が成立している。ここに新たに二酸化炭素が溶け込むと新しい平衡に移り、結果として水素イオンが増加し、海水のpHが低下する。海洋の酸性化である。pHは、産業革命以来0.1低下し、現在は8.1程度である。二酸化炭素の吸収は、炭酸イオンの減少をもたらす。酸性化と炭酸イオンの減少は、どちらも生物による炭酸カルシウムの生成を阻害する。植物・動物プランクトンの中には炭酸カルシウムの殻を持つものも多く、その生育を妨げることから生存量の減少が懸念されている。さらに、植物・動物プランクトン量の減少は、それらを捕食する魚貝類にも影響を与え、食物連鎖により大型魚類などにも広がり、ひいては水産資源の減少をもたらすことになる。

植物プランクトンは光合成を行うことで、海水中に溶けている二酸化炭素を固定し有機化している。これらの植物プランクトンとそれらを捕食する動物プランクトンは、やがて死骸となって海底へ沈降する。すなわち、植物プランクトンと動物プランクトンは固定化した炭素を海底へと、表層から速やかに除去していることになる。この過程を‘生物ポンプ（biological pump）’と呼ぶ。海水の酸性化による植物・動物プランクトン量の減少は、生物ポンプの能力低下を意味する。

前述のように海水中では二酸化炭素、重炭酸塩、炭酸塩の間で平衡が成立しており、酸性化が進むほど二酸化炭素（の分圧）が増加する。したがって、酸性化による二酸化炭素分圧の増加により大気の分圧との差が縮まり、表層海洋の昇温の効果とともに、海洋による二酸化炭素吸収能力を低下させることになる。

4.3　温暖化における海洋の科学の課題

温暖化に対して海洋は、地表面の熱を吸収すること、そして大気中の二酸化炭素を吸収することで、その進行を抑制している。しかし、その結果として既に述べてきたように、‘しっぺ返し’として海洋では水位上昇や酸性化が進行し、海洋生態系にも様々な‘負’の影響が出現することになる。

このような中で、「海洋の科学」の課題は重い。温暖化の進行に伴い地球の環境がどのようになってゆくのか、精密な予測を求められているからである。そのためには、抽象的に言えば、過去の海洋の変動・変化を再現し（古気候の再現）、現在時々刻々と変わりつつある海洋を監視し（モニタリング）、その変動・変化の仕組みを明らかし（メカニズム解明）、さらに今後の温室効果気体の排出シナリオの下で、海洋がどのように変動・変化していくのかを予測すること（数値モデリング）が求められる。

海洋の科学は、他の地球科学の諸分野と同様に「分散型巨大科学」である。巨大な実験・計測装置が世界に一つあれば目的を達するような「集中型巨大科学」とは根本的に異なっている。すなわち、ある地点の温度を世界最高の精度で計測しても意味はなく、海洋の至る所で、かつ十分な時間分解能で計測して初めて意味を成すのである。したがって、世界各国との連携が必然となる。

また、「海洋の科学」と記したように、海洋の物理学のみならず化学や生物学など、海洋に関する諸分野を総動員して行わなければならないことは、これまでの記述で容易に想像できよう。そしてさらに、海洋にとどまらず相互作用する大気（気圏）や、その他の気候システムを構成する地圏、雪氷圏、生物圏、そして人間圏を含めた総合的なアプローチも求められている。温暖化は海洋研究者に大きな課題を突き付けていると言える。

おわりに

地球温暖化は、現在人類が直面している多くの課題の中でも、人類全体が取り組むべき最重要課題であることは言を俟たない。今後、温暖化の進行を抑制・阻止し、その影響を緩和していくためにも、人類全体でどのような文明を目指すのか、という合意形成がまずは必要である。そして同時に、その文明を実現するための技術開発も成し遂げる必要がある。

立場が異なる国の間で、温暖化に対する合意を形成することは大変厄介である。実際、毎年開催されるUNFCCC-COPの会合でも、毎回のように最終合意の形成に苦労している。その事情は一国の中でも同様で、例えば米国では、トランプ前大統領は就任早々温暖化抑止を目指す「パリ協定」からの離脱を決め、2020年11月に離脱してしまった。幸い、後任のバイデン現大統領は温暖化問題を重く受け止め、2021年2月には復帰しているのだが。

何世代も続く温暖化問題は、特に若い世代にとって長い間戦わなくてはならない課題として受け止められている。スウェーデンの環境活動家グレタ・トゥーンベリ（Greta Thunberg、2003-）は15歳であった2018年の夏、スウェーデン議会の前で温暖化抑止の対策が不十分であるとして抗議活動を行った。この活動が世界中に広がり、多くの若者の共感を得て、「未来のための金曜日（Fridays for Future）」運動として世界中に広がった。日本でも多くの若者が温暖化問題に興味を持ち、行動に移している。

私も含めて、過去に膨大なエネルギーを消費してきた‘大人世代’こそが責任をもって対応策を立て、そしてそれを実行し、結果として温暖化が抑制される未来を提示し、その実現を約束すべきである。しかし、子や孫を前にしても、そうできない自分がいて、温暖化は喫緊の課題であると訴える文章を示すことしかできないのは、忸怩たる思いである。

温暖化に関連する川柳を紹介したい。毎日新聞には仲畑貴士さんが選者となっている「仲畑流万能川柳」欄がある。毎日傑作ぞろいの18の句が掲載される。思わず微苦笑するような、世情を鋭く切り取った句ばかりである。そのような句の中から、温暖化を詠んだ幾つかを紹介しよう。なお、句の後の情報は、作者の住む地名、柳名、そしてカッコ内は掲載年月日である。

良い響き　持つ言葉だが　温暖化　　広島　銭型閉痔（2015年8月22日）

第二節に紹介したスウェーデンの化学者スヴァンテ・アレニウスは、スウェーデンにとって温暖化はいいことではないか、と考えていたと言われている。既に述べてきたように、実際には、台風や集中豪雨などの気象現象が極端になったり、海水が酸性化したり、海水位が上昇したりと、結果として生態系に大きな損傷を与えたりと、負の側面が目立つのが温暖化なのである。

原因が　分からん時は「温暖化」　　相生　樽坊（2009年10月25日）

この句は、何か極端な気象現象が起こると、すぐにその原因を温暖化に求めることが多いことを皮肉ったものである。これに関し、近年、時間スケールの長い温暖化と、時間スケールの短い気象現象の関係性については「イベントアトリビューション（event attribution）」と呼ばれる手法で研究が進められている。コンピュータ上に温暖化のない状態と、温暖化が進んだ状態を作り、何例もの数値実験を行うことで、対応する現象の「生起確率」を比較する方法である。温暖化のない状態で生起確率がα%で、温暖化のある状態で生起確率β%であれば、温暖化がその現象をβ／α倍だけ生起させ易くした、と判断できるようになる。このような手法を用いて近年頻発している集中豪雨等の極端現象と温暖化の関係が議論されている。それらによると、頻発する極端現象の背景には、多くの事例で確かに温暖化の影響があることが指摘されている。

温暖化　解説するが　策はなし　　箕面　さる美人（2013年9月15日）

これも耳が痛い話である。温暖化の抑止・阻止には温室効果気体を出さなければいいのであるが、では具体的にどのような策があるかというと、答えに窮してしまう。私自身はトップダウンの施策（政策）とボトムアップの行動の双方が重要であると思っている。トップダウンの施策とは、このような道筋でこういう社会にするために、こういう政策を取ると宣言し実行することである。一方で、一人ひとりが身の回りで温室効果気体の排出を抑えるというボトムアップの行動も重要である。繰り返しであるが、これが切り札という策はなく、いろいろな場面でいろいろな方法を絡めてやっていくしかないのではなかろうか。

最大の　自業自得は　温暖化　　　福岡　名誉教授（2018 年 10 月 12 日）

確かにそうであるに違いない。自らが招いた温暖化であれば、自らが解決しなければならない。今がまさに人類にとっての正念場である。

確かにそうであるのだが、さらにもう一言述べておかなければならないだろう。人類と書いたが、温暖化問題はまさに‘南北問題’なのである。すなわち、富める国・地域と、そうでない国・地域が対立する問題である。エネルギーを湯水のように使い、文明を享受してきた国や地域が、もっとも温暖化を促進させてきた。しかし、そうでない国や地域も、等しく温暖化の影響を受けてしまう。むしろ、そのような国や地域が真っ先に、大きな被害を被ってしまう。これが温暖化問題である。このような背景を踏まえて、日本も含め、富める先進諸国はどのように対応しなければならないか、先進諸国につきつけられた大きな課題である。

【註】

1）https://www.data.jma.go.jp/obd/stats/data/stat/tenko202303_besshi.pdf
2）https://www.data.jma.go.jp/sakura/data/index.html
3）https://library.wmo.int/doc_num.php?explnum_id=11593
4）ppm は parts per million の頭文字を並べたもので、百万分率のこと。
5）ppb は parts per billion の頭文字を並べたもので、十億分率のこと。
6）花輪公雄、2017：海洋の物理学。共立出版、現代地球科学シリーズ（大谷栄治・

長谷川昭・花輪公雄編集）第4巻、210ページ。
7）IPCCがこれまで公表したすべての評価報告書（第1次（FAR）から第6次（AR6））や特別報告書は、次のURLからPDFファイルを入手することができる。
https://www.ipcc.ch/reports/
8）「1.5℃特別報告書」の正式名称は、「1.5℃の地球温暖化：気候変動の脅威への世界的な対応の強化、持続可能な開発及び貧困撲滅への努力の文脈における、工業化以前の水準から1.5℃の地球温暖化による影響及び関連する地球全体での温室効果ガス（GHG）排出経路に関するIPCC特別報告書」。
9）https://bluemoon.ucsd.edu/co2_400/mlo_full_record.pdf
10）https://www.data.jma.go.jp/cpdinfo/ipcc/ar6/IPCC_AR6_WGI_SPM_JP.pdf
11）『日本の気候変動2020－大気と陸・海洋に関する観測・予測評価報告書－』の概要版、本編、詳細版、都道府県版リーフレットは、いずれも次の気象庁のウェブサイトからPDFファイルを入手できる。
https://www.data.jma.go.jp/cpdinfo/ccj/index.html
12）「気候予測データセット2022」とその解説書は以下のURLから入手できる。
https://diasjp.net/ds2022/
13）山本智之、2015：海洋大異変 日本の魚食文化に迫る危機。朝日新聞出版、朝日選書、376ページ。
14）山本智之、2020：温暖化で日本の海に何が起こるのか　水面下で変わりゆく海の生態系。講談社、ブルーバックス、304ページ。
15）花輪公雄、2020：地球温暖化と海洋の科学。泉萩会会報、第30号、pp.5-7（2020年6月発行）。

第二章　光合成と地球大気

牧野　周

はじめに

二酸化炭素（CO_2）などの温室効果ガスの濃度上昇で地球温暖化の問題がとりあげられるようになって久しい。気象変動に関する政府間パネル（ICPP）第6次評価報告書（2021）によれば、産業革命後地球の平均気温は1.09℃上昇したという。地球規模で気温上昇に伴い海水の膨張や氷河などの融解により海面が上昇、さらに気候変動による異常気象のみならず、自然生態系や生活環境、農業などへの影響も懸念されている。人類の産業活動激化に伴う石油や石炭などの化石燃料の燃焼などによって排出されるCO_2濃度の上昇が、地球温暖化の最大の要因と指摘されている。

大気中のCO_2濃度は18世紀後半の産業革命以降から増え始め、それまで約60万年間200-280ppm（0.02-0.028%）の幅で落ち着いていた[1)]ものが、2013年には400ppmを越え、2022年現在では421ppmに達している。地球の温暖化を食い止めるため、世界の国々がCO_2排出削減に取り組もうとしているが、近年では年に2.5ppmの過去最高のペースで増加を続けている。

ところが、地球誕生の歴史から振り返ると、CO_2濃度はずっと減少し続けていた（図1）。約46億年前に地球が誕生したときの大気は、ほとんどがCO_2ガスと水蒸気に占められ、気圧も数気圧あったと推定されている。一方、現在大気の21%を占める酸素（O_2）はまったく存在しなかった。この地球の大気組成を大きく変えたのが植物（光合成生物）である。もう少し正確に言うならば、光合成生物が地球大気の環境をつくり、その地球環境が光合成生物を変えてきた。本章では、このような光合成生

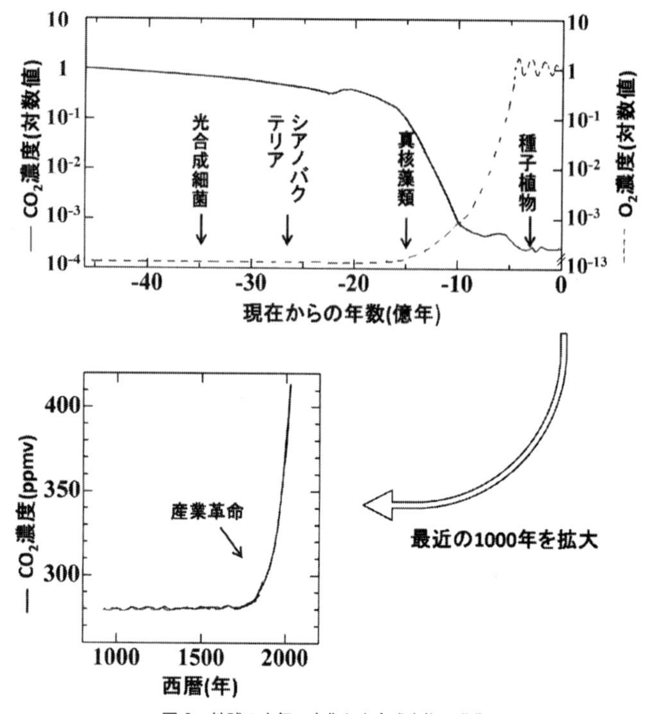

図１　地球の大気の変化と光合成生物の進化

物と地球環境のかかわりについて、光合成生物の誕生期から今日までの変遷を少し掘り下げて議論し、最後に植物と地球の未来を予測しながら、人類の食糧生産にもたらす地球環境変化について考えてみたい。

第一節　地球大気組成の変化と光合成生物

光合成生物が地球上に現れ始めたのは、おおよそ35億年前と推定されている（図1）。海中火山の周辺、熱水噴出孔の周りに硫黄酸化細菌、水素酸化細菌、メタン菌などの化学合成細菌に混ざって光合成細菌が現れた。化学合成細菌が、無機物の酸化反応で得られるエネルギーを使って炭酸固定を行ったのに対し、光合成細菌は地球外エネルギーである太陽光を使って炭酸固定を行った。しかし、実際は、熱水噴出孔周辺の海底は太陽の光が全く届かない暗黒の世界であった。光合成細菌はバクテリオクロロフィルという光合成色素を持ち、海底にもわずかに届く赤外線を利用し、熱水噴出孔から放出される硫化水素（H_2S）から水素イオン（プロトン、H^+）と電子を取り出し、光合成を行った。光合成に必要なものはプロトンと電子である。余ったイオウ（S）は捨てられた。

約27億年前に、原核生物であるシアノバクテリアが現れ、地球上にふんだんにあった水（H_2O）から、プロトンと電子を取り出す光合成を始めた。光合成に不要な酸素（O_2）は、光合成の産業廃棄物として細胞外に捨てられた。さらに、シアノバクテリアは、それまでの光合成細菌とは異なる可視光の太陽光を吸収利用するクロロフィルを持ち、一段ギヤーアップした光合成を行った。因みに、シアノバクテリアが持ったクロロフィルは現在の陸上植物の主要クロロフィルと同じ光合成色素である。ギヤーアップしたシアノバクテリアの繁栄によって、多量のO_2が海中に放出されることになった。やがて、海中では好気呼吸が行える環境がつくられ、より活動性の高い真核生物である原生生物が繁栄した。それらの中には、シアノバクテリアを取り込み体内に共生させ、藻類へと進化したものが現れた。海中のO_2は大気に拡散し、大気中のO_2は紫外線の作用によりオゾン（O_3）層を形成した。オゾン層は太陽から照射される多量の紫外線を遮断し、約5億年前に、生物は陸上にあがった。こうした光合成生物の繁栄に伴いCO_2はどんどん固定され、大気のCO_2濃度は減少した。陸上にあがった光合成生物はコケ植物、シダ植物、種子植物と進化し、大気CO_2濃度は、動物や微生物の生命活動に伴う呼吸代謝とのバランスで280ppmまで減少し、平衡状態となった。

大気のO_2濃度は、光合成細菌が出現した35億年前には、0.003%程度しかなかった。しかし、この光合成生物の繁栄によって、多量のO_2が放出され、陸上植物が現れる約5億年前には、現在の大気O_2濃度に近い20%まで上昇した（図1）。O_2は好気呼吸を行う生物の大繁栄にもつながった。

光合成細菌が地球外エネルギーを利用することによって無限のエネルギー源を手に入れたこと。続けて、シアノバクテリアがO_2の多い地球の大気づくりを始めたこと。この2種の光合成生物のはたらきが、今日の地球上の生物繁栄のもっとも大きな起点になった。植物がつくる有機物は、地球生態系の食物連鎖の出発点であり、植物の光合成がなければ、地球生物の生存はなかった。

第二節　低CO_2・高O_2環境に苦しむ植物

CO_2濃度が薄くなり、O_2が豊富になった地球は、植物にとって決して棲みやすい場所ではなかった。O_2はオゾン層を形成し、生物の上陸を可能とした。他方、O_2はすべての生物にとって、有害な活性酸素の生成のもとにもなってしまう。とりわけ、植物にとっては深刻であった。植物が光合成をするとき、水を光分解してO_2を発生するすぐ隣で、酸化還元反応による電子伝達を行うので、酸素が電子を直接受け取ると容易に活性酸素ができてしまう。しかし、植物は巧みな機構で活性酸素を消去する仕組みを獲得した。

現在の種子植物では、酸素発生部位の近くで偶発的に発生する活性酸素種は、光合成の補助色素としてはたらくカロチノイドが消去している。また、光合成の電子伝達系の還元反応で発生する活性酸素種は、アスコルビン酸ペルオキダーゼ（ascorbate peroxidase, APX）という酵素が水に変換し、解毒化している。このAPXによる水への変換反応には、アスコルビン酸（ビタミンC）が使われている。緑色野菜にビタミンCが多く含まれているのは、光合成で発生する活性酸素を消去するためである。また、活性酸素の消去によって酸化されたビタミンC自身の再生も光合成の電子伝達系を経て行われる。この葉緑体での活性酸素の消去経路は、光合成の「水」の光分解に始り、APXによる「水」の生成で経路が終結することから、water-waterサイクルと名づけられた。この回路は発見者（浅田浩二京都大学名誉教授）の名前にちなんでAsada pathwayともよばれる。浅田らのAPX発見の原著論文（Nakano and Asada, 1981）は日本の学術雑誌の報告であったにもかかわらず、Scopusデータベースによれば7900回以上も引用されている。日本の研究者による日本発の誇るべき成果である。結果として、何も生産しない活性酸素を消去するだけのwater-waterサイクルであるが、O_2とアスコルビン酸が電子の受け取り手としてはたらくので、葉緑体内の膜における電子伝達を加速させ、ATPの生産にも貢献している。なお、葉緑体局在のAPXの存在は緑藻から陸上植物にかけて見られ、APXを持たないシアノバクテリアや多くの藻類では、活性酸素の水への変換は原始的なカタラーゼがはたらいている。

上昇する大気O_2はもう一つの大きな問題を植物にもたらすことになった。光合成細菌から種子植物までのすべての光合成生物はCO_2を固定する酵素リブロース1, 5-二リン酸カルボキシラーゼ・オキシゲナーゼ（ribulose-1, 5-bisphosphate carboxylase/oxygenase, Rubisco）を持っている。RubiscoはCO_2を基質に、カルビンとベンソンらが発見したCO_2の受け取り手である5炭素（C_5）化合物であるリブロース1, 5-二リン酸からホスホグリセリン酸（3-phosphoglyceric acid, PGA）のC_3化合物を2分子生産する反応を触媒する酵素である（RuBPカルボキシラーゼ活性）（図2）。しかし、このRubiscoはどういうわけかCO_2のみならずO_2も基質とし取込む二つの機能を持った酵素として、光合成生物にプログラムされた。RubiscoはO_2を取り込むとPGAの他に1分子のホスホグリコール酸（2-phosphoglycolic acid）を生産する反応を触媒する（RuBPオキシゲナーゼ活性）（Lorimer, 1981）。

このことが、後の光合成生物の運命を決めることになった。ホスホグリコール酸はカルビンとベンソンが発見した炭酸同化回路（カルビン・ベンソン回路）には存在しない代謝産物だった。そのため、ホスホグリコール酸は光合成の最終産物であるデンプンやショ糖生産とは異なる別の代謝経路に流れてしまい、結果として植物はデンプン・ショ糖をつくるための貴重な炭素を失うことになった。光合成生物が出現したときには、地球大気や海洋にはO_2はまったくなかったので、Rubiscoは高いオキシゲ

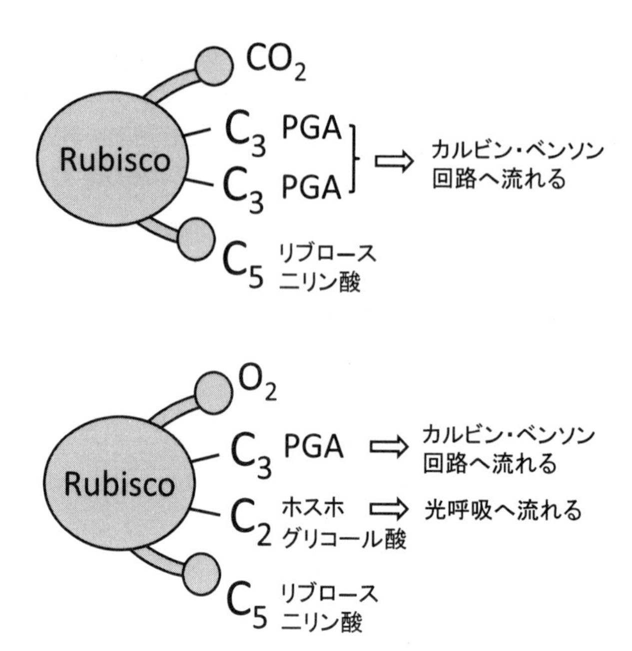

図 2　Rubisco が CO2 と O_2 を取り込んだときの反応

ナーゼ活性を持ちながらも、オキシゲナーゼ反応を起こすことはなかった。しかし、Rubisco のオキシゲナーゼ反応は、CO_2 の結合場所と同じ部位で生じる競合反応であったため、CO_2 濃度の低下と O_2 濃度の上昇は、著しく CO_2 の固定効率を下げることを意味した。現在では、CO_2 濃度は 0.04%まで低下し、O_2 濃度は 21%まで上昇したため、Rubisco のオキシゲナーゼ活性は植物の光合成効率を大きく低下させることとなった。

第三節　地球上でもっとも多いタンパク質 Rubisco

3.1　CO_2 と O_2 を基質とする酵素 Rubisco

Rubisco は RuBP を共通の基質に 1 分子の CO_2 を吸収したときは 2 分子の PGA を生産し、1 分子の O_2 を吸収した時は 1 分子の PGA と 1 分子のホスホグリコール酸を生産する（図 2）。大きいサブユニットと小さいサブユニットの2種からなる分子量550 kDaの巨大なタンパク質である。一部の光合成細菌や化学合成細菌を除き、すべての光合成生物においてこのRubiscoの基本構造は共通である。藻類や植物などの真核生物の場合、大サブユニットの遺伝子は葉緑体ゲノムにコードされ、小サブユニット遺伝子は核ゲノムにコードされる。単一タンパク質として緑葉全タンパク質の25%から35%も占める（全葉身窒素含量の20～30%に相当）地球上でもっとも多量に存在するタンパク質である（4000万トンを越えると推定されている）。私たちが緑色野菜を食べるとき、得られるタンパク源の30%はRubiscoに由来する。Rubiscoの基質は、HCO_3^-ではなく葉緑体内の液相に溶解しているCO_2である。CO_2は外気から葉緑体まで単純拡散される。触媒速度は非常に低く（世界最低速の酵素）、種子植物の場合、一秒間に触媒部位1分子当たり2分子程度のCO_2しか固定できない（$k\text{cat} = 2\,\text{s}^{-1}$）。そのため、高い光合成活性を発揮するためには、多量のRubiscoが必要となった。因みに世界最速の酵素は活性酸素の消去酵素の一つであるスーパーオキシドディスムスターゼ（super oxide dismutase）である。その速度はRubiscoの10億倍（$k\text{cat} = 2 \times 10^9\,\text{s}^{-1}$）である。

Rubiscoの二つの触媒反応、カルボキシラーゼ反応とオキシゲナーゼ反応は同じ触媒部位で競合的に行われるため、両者の活性の比率は、Rubisco触媒部位でのCO_2濃度とO_2濃度の比で決まる。なお、現在の大気条件では、CO_2濃度0.042%でO_2濃度は21%、CO_2濃度の方がはるかに低いにもかかわらず、種子植物のRubiscoの両活性の触媒速度比（カルボキシラーゼ活性：オキシゲナーゼ活性）はほぼ4：1であるので、触媒部位の構造はCO_2の方がはるかに取り込みやすくなっている。

3.2　Rubiscoとナビスコ

Rubiscoは、1971年カルフォルニア大学のサムエル・ワイルドマン（Rubiscoの第一発見者）の研究室に留学していた日本専売公社（現在のJT日本たばこ産業）の研究員、川島伸麿によってタバコの葉から初めて結晶化された（Kawashima and Wildman, 1971）。それをきっかけにワイルドマンの研究室ではタバコから簡単に結晶化できるRubiscoのタンパク栄養食品化の研究が進められた。1980年ワイルドマンの退職記念事業シンポジウムが開かれたとき、ワイルドマンがタバコRubiscoの食品利用の研究を展開したことに因んで、米国の食品製菓メーカーのナビスコ（NABISCO）を文字ってRubiscoの正式名称Ribulose-1, 5-bisphosphate carboxylase/oxygenaseの頭文字を取りRubiscoと呼ぶことの提案がなされた。その後、多くの研究者がRubiscoと呼ぶようになり、1990年頃からは酵素名として定着した。2000年頃にはほとんどの学術雑誌で、略語指定不要な表示名となった。ちなみに製菓会社ナビスコは、1985年当時米国最大のタバコ会社レイナルド・インダストリーに買収された。その後，レイナルド社の米国以外の部門がJT（日本たばこ産業）に，食品部門はフィリップ・モリスに買収されるが，タバコ会社によってタバコRubiscoの食品化研究が展開されることはなかった。

第四節　Rubiscoと光呼吸

4.1　光呼吸は光合成の代謝の一部

植物はRubiscoのオキシゲナーゼ反応でホスホグリコール酸を生産して、一体何をしているのであろうか。ホスホグリコール酸は、カルビンとベンソンらによって1950年代には光合成にリンクする代謝物として、すでに発見されていた。しかし、炭酸同化回路の全様が解明されても、その化合物が存在する意味はわからなかった。グリコール酸をめぐる代謝は、炭酸同化回路とは異なる謎の代謝とされた。その代謝の詳細が明らかにされたのは、1980年代になってからである。イリノイ大学のウイリアム・オグレンらのグループによる一連の優れた研究によって明らかにされた（Ogren, 1984)。ホスホグリコール酸は、葉緑体に留まらず、3つの細胞小器官、葉緑体とペルオキシソームとミトコンドリアで代謝され、最終的に葉緑体にもどされATPを消費して、PGA（CO_2固定の初期生産物と同一の化合物）となり、カルビン・ベンソン回路へ流れ込む代謝であった（図3）。この代謝は光呼吸（photorespiration、酸化的C_2炭素回

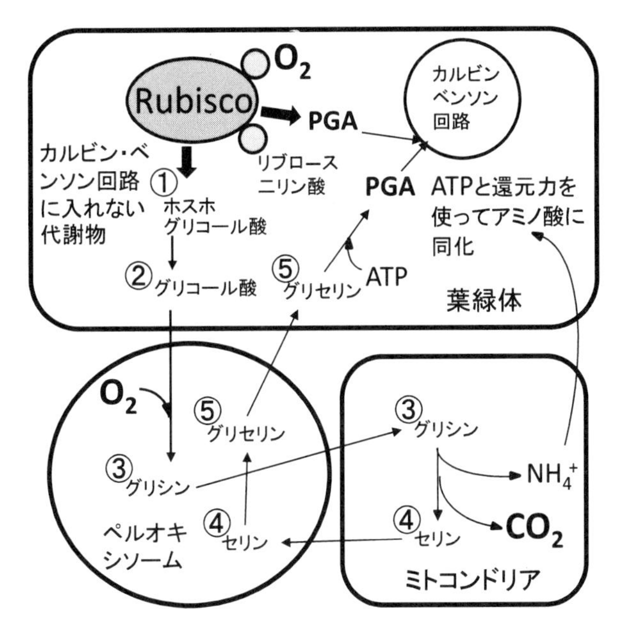

図３　光呼吸の代謝経路

①ホスホグリコール酸は、②グリコール酸となり、③グリシン、④セリン、⑤グリセリン酸を経て、PGAとなる。葉緑体とミトコンドリア間をペルオキシソームを挟んで物質交換をして、ATPのエネルギーと還元力を使い、CO_2まで捨てている（このCO_2はRubiscoで回収）。

路）と命名された。呼吸という名前がつけられたのは、RubiscoとペルオキシソームによってO_2が取り込まれ、ミトコンドリアでCO_2が排出されるからである。ただし、ミトコンドリアで排出されるCO_2は通常の大気条件下ではRubiscoによって再固定（回収）される（すべての教科書ではこのCO_2分子は経路外に排出されるように示されているが、それは間違いである[2)]）。また、ミトコンドリアでは同時にアンモニア（NH_4^+）が放出されていて、そのNH_4^+も葉緑体で再同化（回収）される。このNH_4^+の回収系では、光合成の電子伝達系で生産されるATPと還元力が利用される。

この代謝は光合成や呼吸とは異なる別の代謝として位置づけられている。しかし、代謝そのものは完全に光合成の炭酸同化反応と連結し、同時進行することから、むしろ光合成の代謝の一部と考えるべきものであろう。

光呼吸はATPの消費と電子伝達系を介した還元力の消費を伴なうにもかかわらず、一切の最終産物を生成しない。したがって、代謝そのものには積極的な意味が見いだせない。しかし、光呼吸（グリコール酸の代謝）は植物にとって必要不可欠な代謝とされてきた。古くはこの光呼吸の中間代謝反応の阻害剤を使って光呼吸を止めると、植物は枯れてしまうことが示されたからである。因みに、光呼吸は高校の教育課程では完全に除外されている。生物学的に意味のわからない光呼吸は高校の教科書には記載しないと判断されたのかもしれないが、光合成生物の進化を地球環境の変化から考察すると、植物が光呼吸を持った理由が見えてくる[3)]。

4.2　植物が光呼吸を持ったわけ

植物が光呼吸を持った理由のヒントは、地球上で光合成細菌が最初に光合成を始めたとき、地球上にはO_2が存在しなかった点にある。光合成細菌のRubiscoのCO_2結合部位も、O_2は取り込むようにデザインされてはいたが、地球上にはO_2が存在しなかったので、光合成細菌にはRubiscoのオキシゲナーゼ反応も光呼吸もなかった。

シアノバクテリアが水を使って光合成を始めたため、O_2が放出され、そのO_2をRubiscoが捕まえることになってしまったのである。単なるCO_2固定に対する競合阻害物質ならば良かったのに、基質としてはたらき光合成経路とは無縁な物質ホスホグリコール酸を生産してしまった。さらに、そのホスホグリコール酸はカルビン・ベンソン回路酵素の阻害物質でもあった。そのため、植物はそのホスホグリコール酸を代謝すると同時に、カルビン・ベンソン回路から逸れてしまった炭素を可能な限りカルビン・ベンソン回路へ回収しようと光呼吸経路を持ったと理解できる。図3をよく見て頂きたい。反応経路としては、RubiscoがO_2を取り込んだ場合、3つの細胞小器官を総動員してATPと還元力を消費しながらも、最

表1　光合成生物間のRubiscoのタウ値（カルボキシラーゼとオキシゲナーゼの活性比）の変異

種	タウ値*
光合成細菌	
Rhodospirillum rubrum	15 ± 1
Rhodopseudomonas sphaeroides II	9 ± 1
シアノバクテリア	
Aphanizomenon flosaquae	48 ± 2
Cocochloris peniocystis	47 ± 2
真核藻類	
Scenedesmus obliquus	63 ± 2
Chlamydomonas reinhardii	61 ± 5
Euglena gracillis	54 ± 2
被子植物（C_3）	
Glycine max	82 ± 5
Tetragonium expansa	81 ± 1
Spinacea oleracea	80 ± 1
Lolium perenne	80 ± 1
Nicotiana tabacum	77 ± 1
被子植物（C_4）	
Amaranthus hybridus	82 ± 4
Zea mays	78 ± 3

＊タウ値はカルボキシラーゼ活性のVcmaxにオキシゲナーゼKm（O_2）を掛けたものをオキシゲナーゼVomaxとカルボキシラーゼKm（CO_2）で除したもの。数値が大きいほど、触媒速度はカルボキラーゼ反応側に傾く。Jordan and Ogren（1981）から抜粋。

終的にはPGAに戻していることがわかるであろう。阻害剤で光呼吸を止めてしまうと植物が枯れてしまうのは、植物がカルビン・ベンソン回路からそれた炭素を回路に戻そうとしているのに、それを止められてしまうからである。

非常に興味深いことに、Rubiscoの触媒するカルボキシラーゼとオキシゲナーゼ活性比をみると光合成細菌のものがもっともその活性比が低く、シアノバクテリア、藻類、種子植物とカルボキシラーゼ活性比が高くなる進化が見られる（表1）。陸上植物のRubiscoがもっともO_2を取込みにくい構造（あるいはCO_2をより優先的に取り込む構造）へ分子進化している。一方、O_2を取込まないRubiscoを持つ光合成生物も出現してはいない。

また、現在の種子植物を高CO_2濃度条件で生育させると、光呼吸は著しく抑えられるのに（光呼吸はRubiscoの触媒部位のCO_2濃度とO_2濃度

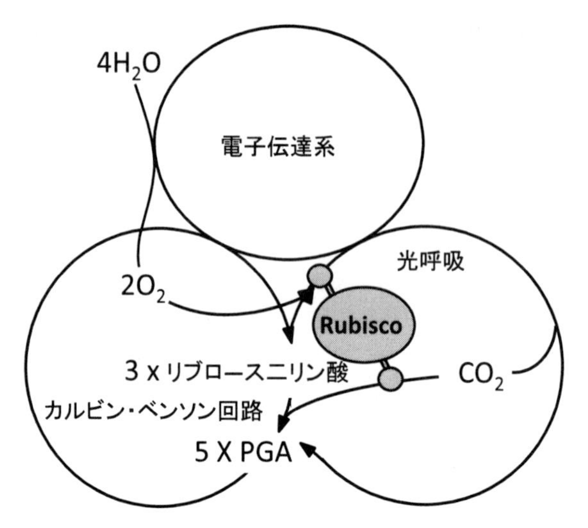

図４　気孔が閉じ、アイドリング状態になったときのカルビン・ベンソン回路と光呼吸
Rubisco の収支式は、3 ×リブロース二リン酸（C_5）+ $2O_2$ + CO_2 → 5PGA（C_3）となる。

比で決まるため）、多くの場合、植物は正常に生育する。実際は正常に生育するだけではなく、バイオマス生産も増加し、穀類作物では収量も上がる（後術）。このように、光呼吸の代謝そのものに積極的な生理的意義がないのみならず、むしろ植物の物質生産に対しては、マイナスの代謝であることも示している。

しかしながら、植物は干ばつや乾燥ストレスから光合成システムを守るために光呼吸を利用している点は見逃せない。植物が強光下で干ばつや乾燥にさらされた場合、まず対応する応答は、体内水分を保持するために気孔を閉じる。気孔を閉じると、CO_2 の取り込みはできないので、カルビン・ベンソン回路は回らない。しかし、光は照射され続けるので、ATP と還元力の供給は続く。このような状況では、光合成によって葉内に溜まった O_2 を Rubisco が効率よく取り込み、光呼吸経路を回すことで、ミトコンドリアより CO_2 を発生させる。この CO_2 を Rubisco がつかまえることでカルビン・ベンソン回路も駆動させ、自動車エンジンのアイドリングのような状態を成立させる（図4）。カルビン・ベンソン回路は光呼吸で放出されるCO_2分だけ回転し、光呼吸との両回路が同時駆動することによって、光化学系電子伝達系で生産されるATPと還元力を消費させる状態を成立させる。この仕組みによって、還元力蓄積による偶発的な活性酸素の発生を抑え、光阻害・光傷害から光合成システムを守っている。ここで重要な点は、前にも述べたとおりミトコンドリアで排出されるCO_2がRubiscoによって回収される点である。

この状態は実験的に再現されている（Hanawa et al., 2017）。外部CO_2濃度を0.005%程度まで下げると植物はCO_2を取り込まなくなる（CO_2補償点という）。CO_2補償点では、CO_2の取り込みもO_2の放出も起らない（気孔におけるCO_2とO_2の出入りはない）、気孔が完全に閉じた時と同じ状態となる。見かけ上、光合成の速度はゼロとなる。しかしながら、クロロフィル分子の蛍光モニターを見ると、光化学系電子伝達系で電子はしっかりと流れていることが観察される。カルビン・ベンソン回路と光呼吸が同時駆動しながら、両回路のアイドリング状態を成立させていることが推定される。この条件で、O_2濃度を下げると、オキシゲナーゼ活性が抑制されるため光呼吸は停止し、両回路のアイドリング状態は維持されず、両回路はエンストを起こす。そうして電子伝達系も止まり、植物は光傷害を強く受けることが証明された。

このように、植物は光呼吸によって光阻害・光傷害から光合成システムを保護していることが証明された。しかしながら、その役割のため、光呼吸が最初から合目的に作り上げられた代謝ではないことは充分理解できるであろう。もし光合成細菌がO_2を取り込むことのない構造のRubiscoをプログラムしたならば、何も問題は起こらなかったはずである。高校の生物の教科書通り、光呼吸のない光合成ができて、植物はもっとハッピーだったであろう。生物の進化は行き当たりばったりのところがある。O_2を捕まるRubiscoをプログラムしてしまった偶然と、代わりとなるCO_2固定酵素ができなかった偶然（ともに必然かも知れない）が重なって、現状のRubiscoを使って、必死にやりくりする植物の生き様である。

4.3 光呼吸の進化

図３のような高度な光呼吸経路を持っている光合成生物は，実は被子植物のみであることがわかってきた。シアノバクテリアや紅藻類、緑藻類などは NH_4^+ 循環系（アンモニアの再同化回収）のない単純な光呼吸（酸化的 C_2 炭素回路）を持っていることが報告された（Eisenhut et al., 2006）。グリコール酸から3ステップ反応でPGAの再生を行い、その過程でのATPの消費は被子植物の半分、還元力の消費もない経路を持っていた。さらに、陸上植物でも多くの裸子植物は葉緑体には NH_4^+ の回収系を持っていないことも明らかになった（Miyazawa et al., 2018）。コケ植物やシダ植物は情報量が限られていてまだ明確ではない。いずれにせよ，進化にともない水中から上陸した植物は豊富な太陽光を得られることとなったが、一方で乾燥との戦いをしいられるようになった。水の供給が制限される環境の中で生息地域を広げるために、気孔を開けられない条件で、いかに強光から身を守るシステムを完成させていくのかが重要な生存戦略となった。一方で、光合成速度を高速化させるためには、それに対応できるアイドリングシステム（図４）も作り上げる必要があった。そこで、高速対応型の電子受容能力を向上させた光呼吸が必須となった。Rubiscoのオキシゲナーゼ活性を有効に活用し，ミトコンドリアの脱アミノ反応を強化して、放出される NH_4^+ の回収系を葉緑体に配置させた経路に進化させることで、それが実現できた可能性が高い。

近年，陸上植物の光呼吸代謝を止め，原始的なシアノバクテリア型の光呼吸（酸化的 C_2 炭素回路）を遺伝子組換えによって導入したところ、植物のバイオマスが増えたという例がNatureやScienceなどの一流誌に報告された（Kebeish et al., 2007; South et al., 2019）。しかし、そんな単純な話があり得るのであろうか？いずれも新しい展開が望めるような続報は出ていない。

第五節　陸上植物にみる炭酸固定戦略の多様性

5.1　酸素との競合をさけた C_4 植物

地球上には、光呼吸をほとんど行わない植物がいる。熱帯や亜熱帯を原産とするトウモロコシやサトウキビ、ソルガムなどの生産性の高い作物を含む C_4 植物とよばれる仲間である。地球上の最大バイオマス飼料作物として知られるスイッチグラス、ネピアグラス、エリアンサス（ヨシススキ）なども C_4 植物の仲間である。20 科 8000 種以上が知られている。多くの植物では、光合成の CO_2 固定で最初にできる化合物は C_3 の化合物 PGA であるので C_3 植物といい、イネやコムギ、ダイズなどの作物は C_3 植物に分類される。それに対して、C_4植物はカルビン・ベンソン回路の他に CO_2 を濃縮する回路を持っていて、Rubisco で CO_2 を固定する前に、いったんリンゴ酸などの C_4 の有機酸に変換するので C_4 植物と命名された。葉脈のまわりの維管束鞘細胞という組織に、通常の光合成を行う葉緑体を局在させて、そこで CO_2 を濃縮し（高 CO_2 濃度環境をつくる）、Rubisco がオキシゲナーゼ活性を発現させないような条件で CO_2 固定をする仕組みを作り上げている。すなわち、光呼吸がなかった 10 億年前くらいの地球大気環境を維管束鞘細胞内に再現し、陸上植物の高機能な Rubisco をつかって効率の高い CO_2 固定を行うことに成功している。

5.2　地球上の植物はすべて C_4 化していくのか？

このように、C_4 植物は明らかに光呼吸の炭素ロスを克服するために進化した植物であることがわかる。現在、C_4 植物は、植物種にして地球上の陸上植物の約 3 %、バイオマス生産にすると 20%を占めていると推定されている。C_4 植物の出現は 800 万年から 1200 万年前くらいであるので、5 億年の歴史を持つ陸上植物には急速な C_4 化が進行していると捉えることもできる。しかしながら、地球上の植物がすべて C_4 植物に代わることはないと考えられている。なぜならば、C_4 植物は CO_2 濃縮を行うのに ATP を余分に使うからだ。CO_2 固定に対する ATP 消費コストが C_3 植物より高い。その結果、光が十分でない環境条件では逆に不利な光合成となるため、C_3 植物との棲み分けができている。C_4 植物は、光が十分（これは少雨・半乾燥地帯であることも意味する）で、温度の高い地域で有利で、南アフリカやオーストラリア大陸などのサバンナでは C_4 植物が優先種となっている。

C_4 植物も完成された光呼吸システムを持っている。CO_2 濃縮経路を持っているといえども、気孔が完全に閉鎖すれば、CO_2 濃縮回路も機能しない。その場合は、やはり Rubisco のオキシゲナーゼ活性が発現し、カルビン・ベンソン回路プラス光呼吸経路を回転させ、アイドリング状態を維持させる。しかし、C_4 植物は C_3 植物にくらべ、非常に低い CO_2 濃度でも光合成機能は維持できるので、気孔開度が低い条件での半乾燥環境には強い。C_4 植物は被子植物にしか見つかっていない。NH_4^+ 回収系を葉緑体に配置させた被子植物の優位性がこの点においてもみられる。

第六節　近未来の地球環境変化と作物生産

近未来に想定される地球規模での環境変化と人類の主要食糧であるイネ、コムギ、トウモロコシなどの作物の光合成の応答や関わりあいについて考察してみよう。やはり、ここでもポイントとなるのは、光呼吸を担う Rubisco の存在である。近未来の環境変化のキーワードは CO_2 濃度の上昇、温暖化・乾燥化である。それらについて議論する。

6.1　CO_2 濃度の上昇

CO_2 濃度上昇は一般に作物増産の方向にはたらく。理由は光呼吸が抑制されるからである。1989 年から米国のアリゾナ州の広大な農地で囲いを作らない開放系での高 CO_2 濃度暴露（Free-Air CO_2 Enrichment, FACE）実験が行われた（Long et al., 2006)。FACE 実験とは、CO_2 濃度以外の気候条件や土壌要因を実際のほ場と同じ環境にして、今世紀後半の想定 CO_2 濃度 560-580ppm 下での作物の生育を解析する実験である。日本でも 1997 年から 11 年間、農業技術環境研究所と東北農業センターの研究グループが岩手県雫石町の水田を使ってイネ FACE 実験を行った（図 5)。

図5　イネFACE実験

農業環境研究所と東北農業研究センターが岩手県雫石町で行った開放系水田ほ場における高 CO_2 濃度栽培実験（著者撮影）。前方リンク中央で 580ppm CO_2 濃度を維持してイネを収穫期まで栽培。後方に見える25トン炭酸ガスタンク2本は1週間で消費される。

私たち東北大のグループも参加している。イネFACE実験の結果を見ると、580ppmCO_2ほ場で、15%のバイオマス増産とお米の増収が認められた（11年間の実験の平均値）（Hasegawa et al., 2013）。CO_2濃度が上がることにより、光呼吸が抑えられ、光合成が促進されたので、バイオマス生産が増え、お米の増収につながったという結果であった。コムギではアメリカのFACE実験で10%の収量増が認められている。それに対して、トウモロコシでは、CO_2の濃度増加による光合成促進の効果はなく、バイオマス増産も増収もなかった。もともとC_4植物は光呼吸をほとんど行っていないので、高CO_2濃度による光呼吸抑制効果がなかったのである。非常に理解しやすい結果である。しかしながら、FACE実験でのイネの15%増収やコムギの10%増収は、光呼吸が抑えられた条件であることから考察するとその効果は予想より小さい。もちろん、理由は単純に説明できるものではないが、一つの要因としては、イネやコムギなどのC_3植物の光合成機能は、そもそも高CO_2濃度条件には最適化されていないことによる。例えば、Rubiscoの機能を見ると、本来のCO_2濃度280ppmではフル機能しているが、その2倍の580ppmCO_2濃度では約

40%の Rubisco が機能しなくなる。そのマイナス効果を上回る効果が光呼吸抑制にあるので、結果として 10-15%の増収に繋がったと考察できる。現在のアメリカのトウモロコシの平均収量がイネの平均収量の 1.3 倍、コムギの平均収量の 2 倍であることを考えると、CO_2 濃度が上がって光呼吸が抑制されても、イネやコムギの収量がトウモロコシには追いつかないことを意味する。イネとコムギの CO_2 濃度上昇による光呼吸抑制の効果は、トウモロコシの CO_2 濃縮機構の獲得には及ばない。

6.2　温暖化と乾燥化

温暖化は C_4 植物に明らかに有利であることが想像される。これも Rubisco の酵素的性質と光呼吸に起因する。温度が上昇すると Rubisco のカルボキシラーゼ活性もオキシゲナーゼ活性も両方とも上昇するが、その上昇率はオキシゲナーゼ活性の方が高い。したがって、C_3 植物の場合、温度が上がれば上がるほど、光呼吸ロスが大きくなることを意味する。実際、熱帯地帯ほど C_4 植物が多く、亜寒帯や寒冷地帯には C_4 植物はほとんど分布していない。光呼吸ロスの少ない寒冷地帯では、わざわざ余分に ATP を消費してまで CO_2 濃縮経路を回す効果がないからである。

乾燥化は圧倒的に C_4 植物に有利である。先に述べたように、降水量の少ない南アフリカやオーストラリア大陸では C_4 植物が多く自生している。乾燥化は地球上の植物の C_4 化を促進するもっとも大きな要因であろう。

耐乾燥植物という点からは、ベンケイソウやサボテンのように砂漠などの極度の乾燥条件に適応した植物が繁栄するかもしれない。これらの植物は、乾燥の激しい昼間は気孔を閉じ体内の水分を保持し、温度が下がる夜間に気孔を開いて CO_2 を吸収する。細胞質に溶解する炭酸イオンを有機酸に取り込む解糖系の酵素がはたらいている。生成した有機酸は液胞にため込まれ、昼間にその有機酸から脱炭酸し、得られる CO_2 を Rubisco が固定する。このような光合成を行う植物を CAM 植物（ベンケイソウの酸代謝、Crassulacean Acid Metabolism の頭文字）と呼ぶ。光合成効率そのものは低く、あくまで乾燥環境に適応特化した植物である。現在、上記の植物の他、パイナップル科、トウダイグサ科、ラン科などの45科、約16,000種以上が知られている。このように、近未来の地球規模での環境変化は、陸上植物、とくに被子植物のC_4化を加速させ、乾燥地ではCAM植物を繁栄させるのかも知れない。

おわりに

植物が地球環境をつくり、地球環境が植物を進化させてきたことを述べた。最後に植物と地球の未来の問題について触れた。人類の食糧における植物への依存度は非常に高い。国連食糧農業機構（FAO）によれば、人類は重量ベースで全食糧の80%以上を植物から直接摂取している。なかでも、たった三種の作物、イネ、コムギ、トウモロコシから全食糧の半量を超える55%を得ている[4)]。ここでは、この主要三種の作物への地球の温暖化・乾燥化に影響について述べたが、作物生産全体への影響は複雑である。温暖化は高緯度地域での作物栽培期間の延長拡大につながることも予想されるが、人口増加の著しい低緯度地域では、高温障害や乾燥化により確実に栽培期間の短縮をもたらし、食糧難を加速させる。また、地球全体の植物の生態系そのものに様々な影響を与える懸念がある。ここで述べてきたように、C_4植物やCAM植物の分布拡大は容易に予想されるが、長期的にはいろいろな植物種に選択圧がはたらくであろう。そうした要因が作物生産そのものにどのような副次的作用をもたらすのかはまったくわからない。予測できない気象変動が多くなり想定外の災害が増えつつある。環境との調和と持続性も要求される農業生産であるが、地球規模の環境変化も含めてこの分野に関する植物科学が解明しなくてはならない課題は多い。しかしながら、この分野の研究者は意外に少ない。

註

1）南極の氷床コア中の CO_2 分析によると、大気の CO_2 濃度は約 20,000 年前に 180 ppm まで下がり、その後上昇して 280ppm に落ち着いたと推定されている。また、3 億年前頃にも一時期 CO_2 濃度が極端に低下したことがあったとされている。

2）植物は動物と違って、（息を吸い込む）ことはしない。葉内外の CO_2 の流れは、分圧差による単純拡散である。植物が光合成をしているとき、植物体内で CO_2 分圧が一番低いのは Rubisco の周辺である。光呼吸によってミトコンドリアより放出される CO_2 が、Rubisco 周辺に拡散していくことは当たり前のことで、分圧差に逆らって外気に放出されることはない。このあたりのことが、意外に植物科学の専門家にも理解されていないのかも知れない。

3）ここで述べるように、植物は、光合成の代謝において光エネルギーを使って CO_2 を取り込むカルビン・ベンソン回路と O_2 を取り込む光呼吸回路を同時に駆動させている。にもかかわらず高校の生物の教育では、光呼吸はないものとしている。このことが、註 2 で触れたように、植物科学を専攻する専門家の理解にも影響を与えているのかも知れない。

4）FAO の 2020 年統計データによれば、世界の作物年間生産量は多いものから順に、トウモロコシ 11.6 億トン、イネ 7.6 億トン、コムギ 7.6 億トン、ジャガイモ 3.6 億トン、ダイズ 3.5 億トンと続く。そのうち家畜の飼料用に回されている割合は、トウモロコシが 3 分の 2、コムギが 3 分の 1、イネが 10 分の 1 である。したがって、人類の直接摂取する食糧としては、イネ、コムギ、トウモロコシの順となり、それらの総量が全食糧の 55%になる。地球上には、植物 30 万種、ほ乳類 1 万種、魚類 6 万種の生物がいることを考えると、人類の生存はこれら 3 種に驚くほど依存している。

文献

Eisenhut et al. (2006) *Plant Physiol.* 142 : 333.
Hanawa et al. (2017) *Physiol. Plant.* 161 : 138.
Hasegawa et al. (2013) *Func. Plant Biol.* 40 : 148
Jordan and Ogren (1981) *Nature* 291 : 513.
Kawashima and Wildman (1971) *Biochim. Biophys.* Acta. 229 : 240.
Kebeish et al. (2007) *Nature Biotech.* 25 : 593.
Long et al. (2006) *Science* 312 : 1918.
Lorimer (1981) *Annu. Rev. Plant Physiol.* 32 : 349
Miyazawa et al. (2018) *J. Plant Res.* 131 : 789.
Nakano and Asada (1981) *Plant Cell Physiol.* 22 : 867.
Ogren (1984) *Annu. Rev. Plant Physiol.* 35 : 415.
South et al. (2019) *Science* 363 : 6422.

第三章　地球温暖化と土壌微生物

南澤　究

はじめに

先日サイエンスライターの宮田満さんと対談する機会があり、私が専門とする根粒菌などの土壌微生物で農業由来の温室効果ガスを減らす研究成果について紹介した[1]。しかし、宮田さんと参加者の質問は、研究成果より農業と地球環境の関係に集中し、最後に「誤解を恐れずにいうと、農業は地球環境破壊である」と私が説明せざるを得なかった。食料生産を支える農業と地球環境の対峙（たいじ）する関係について参加者の方はほとんどご存知でないことに驚いた。

農業と地球環境の関係については農耕文明の根本問題が横たわっており、人類がいかに農耕文明を築き、また失敗してきたかについて教訓がある。さらに、近代農業は人工窒素固定の発明による豊富な窒素肥料や多量の水の供給を前提とした食料生産システムにより、現在の80億人以上の地球の人口を支えるまでに発展してきた。しかし、地球の環境容量を超えて持続性が失われてきた。すなわち、地球温暖化・砂漠化・窒素問題などの深刻な地球環境問題を引き起こしてきた。私は微生物学者の立場から、地球環境問題の解決には「目に見えない多数派」である微生物が鍵となると考えている。その理由は、微生物は地球上のすべて生命体の存在を支え、過去と現在の地球環境の形成に深く関わってきたからである。

「人類に対する科学者の警告：微生物と気候変動」のステートメントが2018年に出版され、気候変動微生物学という新たな学問領域の創生が提唱されている[2]。その中では、温室効果ガスの生産と消費を含む気候変動に微生物がどのように影響を与えるかだけでなく、気候変動や人間活動によって微生物がどのような影響を受けるかについての研究の必要性が指摘されている。しかし、環境中の微生物の多様性や機能はまだわからないことだらけで、記載的・断片的なレベルであることは専門家としてお断りしておきたい。

そこで、本章では、地球史的な時間軸で地球環境を変化させ続けてきた微生物の役割、食料生産と地球環境に関わる微生物の多様性や機能の研究の現状について説明したい。我国の科学研究は専門家内で閉じている傾向があり、本来は研究を付託されている市民に支えられる科学や技術の研究になることが望ましい。地球環境に関わる研究は特にその必要がある。そこで、私が関わってきた体験型の市民科学研究「地球冷却微生物を探せ－Soil-in-a-Bottle」について紹介したい。たとえ難しい研究でも平易に説明して市民との双方向コミュニケーションを続けていく努力が、学問の府である大学の価値の向上につながり、研究の原動力にもなると信じている。

第一節　微生物と地球の歴史

1.1　生命の40億年[3]

地球は46億年前太陽系の塵が集合して形成され、高温の地球表面が次第に冷却され水蒸気が液体の水になり海が形成された。約40億年前、海洋底の熱水噴出孔に似た環境で最初の単細胞生物が誕生し、この生命体はLUCA（最終普遍共通祖先（Last Universal Common Ancestor）とよばれ、地球に現存する全ての生物の祖先とされている。LUCAは水素ガス（H_2）をエネルギー源として、CO_2を炭素源とする微生物と推定されている[4]。現在の大部分の生物は有機物をエネルギー源と炭素源とする生物であるが、無機物をエネルギー源としてCO_2を炭素源とする細菌は、現在でも地球のあらゆる環境に生息し様々な物質の変換を行っている。例えば、アンモニアからエネルギーを得て、CO_2を炭素源とする細菌は、土壌でも廃水処理で主役の微生物であり、動植物ではみられない生き方である。

原始地球の大気は CO_2 と窒素 N_2 のみで、酸素 O_2 は存在していなかった。約27億年前LUCAから進化した細菌のなかから光合成で O_2 を発生するシアノバクテリアが誕生し、大気中に O_2 が集積した。シアノバクテリアは浅瀬の海中にストロマトライトとよばれる岩の様な構造物を作り、約27-20億年の地層からその化石が見つかっている。オーストラリアのグレートバリアリーフの浅瀬には現在もストロマトライトが残っている。海では酸素が増加することによりの海水中の2価の鉄（Fe^{2+}）が O_2 で酸化されて沈殿することにより縞状鉄鉱層が形成された。これは地球規模での鉄鉱石の生成で、人類はこの鉄鉱石を使って世界を変えてきたが、実はシアノバクテリアという微生物の恩恵である。当時の微生物にとって O_2 は有害であったが、蓄積した有機物を餌として、O_2 呼吸をする微生物が生まれ、それが人間も含めた動物などのエネルギーを得る基本システムとなった。

1.2　土壌の生成と人類の借金[3]

約7.5億年前にプレートテクニクス運動により海から巨大な大陸ができたが、陸上に有機物はなく、火山周辺でイオウを酸化する細菌がいる程度であった。大気中の O_2 濃度が上昇し、オゾン層が形成され地上への紫外線がさえぎられ、約4億年前に海中の藻類の一種が陸上へ進出した。陸上植物は岩石のみの陸地に有機物をもたらすことにより、地球にしかない土壌が生成した。46億年の地球史において、土壌が生成したのは4億年前というつい最近の出来事である。

農地は CO_2 に対してはカーボンニュートラルと一般的に考えられている。その背景には、土壌有機物を巡る地球環境と土壌微生物の深い関係がある。土壌は鉱物と生物の相互作用により生成し、主に植物が生合成した化合物を起源とする土壌有機物が蓄積する。土壌有機物には大気 CO_2 の約3倍量の炭素（1500 Pg、ペタグラム：100兆グラム）と土壌中窒素の約80％が含まれており、陸域における最大の炭素・窒素プールである[5]。土壌有機物の存在量は植物バイオマスのインプットと微生物分解のアウトプットのバランスで変化する。微生物進化がこのバランスを変化させてきた例として、石炭紀末期（約3億年前）に陸上植物に含まれるリグニンを分解する微生物（白色腐朽菌）があらわれ、以後石炭が生成されなくなった[3]。また、人類の農耕地への土地利用変化も土壌有機物の存在量を減らしてきた。すなわち、先史時代（約3千年前）から現代までに農地への土地利用拡大により失われてきた土壌炭素量は133Pgに達し、産業革命後の化石燃料の燃焼で排出された炭素量（430Pg）の約30%に匹敵すると推定されている[6]。すなわち、先史時代から人類が食料生産のために土地利用変化をおこなった結果、CO_2として大量の土壌炭素放出の謝金を背負っている状態といえる。このような背景のもとで、逆に土壌炭素を増やす活動を推進する国際的取組み「フォーパーミル・イニシアチブ」が、2015年にパリで開催された気候変動枠組条約第21回締約国会議（COP21）でフランスが提案して始まった。「フォーパーミル」とは、1000分の4（4‰）のことで、「もしも全世界の土壌中に存在する炭素の量を毎年4パーミルずつ増やすことができたら、大気中のCO_2の増加量をゼロに抑えることができる」という計算に基づいている。これは、米国オハイオ州立大学のラタン・ラル博士の不耕起栽培システムの提案・実践に基づいており、2019年に「日本国際賞」を受賞した[7]。不耕起栽培とは、耕さないで作物を栽培する技術である。来日の際に、「日本で不耕起栽培をおこなうのは難しいのでは？」とラル博士に尋ねたところ、「まずは世界でできるところから」というお答えであった。現在は、日本を含む500以上の国や国際機関が参画しており、日本では山梨県がはじめて参加している。また、不耕起栽培以外に微生物が分解しないバイオ炭を農地に投入して、土壌炭素を貯留する試みもある。

第二節　土壌からの温室効果ガス排出と地球規模の窒素循環

持続可能な開発目標SDGsは17の目標が掲げられているが、どれも重要な課題であり相互に関係している。17の目標の関係性を見やすくするためにSDGsウェディングケーキモデルが提案されている[8]。土台として目標13「気候変動に具体的な対策を」・目標14「海の豊かさを守ろう」・目標15「陸の豊かさも守ろう」も含めた4目標を入れた生物圏（Biosphere）があり、その上に社会（Society）、その上に経済（Economy）という三層に整理されている。土台である地球環境も含めた生物圏の保全のためには、社会や経済を見直す必要があるというメッセージでもある。その土台の一つである、人為的な温室効果ガス排出による地球温暖化の現状について簡単にまとめてみたい。

2.1　温室効果ガス排出による地球温暖化

気候変動に関する政府間パネル（IPCC）は地球温暖化についての科学的知見の収集、整理を行う政府間機構である。2021年から2022年のIPCC第6次報告書では、第1作業部会（科学的根拠）で「温暖化の原因は人類が排出した温室効果ガスと断定」[(9)]が、第2作業部会（影響と適応）で「気温上昇が1.5度を超えると生態系が回復不能」[(10)]が、第3作業部会（緩和）で「2020年代に対策を強化しないと3.2度の気温上昇」[(11)]が強調された。特に、第3作業部会の報告書[(11)]では、CO_2換算1トンに対して100ドルの対策費を使えば温室効果ガスの人為的排出を相当量削減できると具体的な行動変容に踏み込んだことが特徴である。

2.2　農業からの温室効果ガス排出

農業セクターからの温室効果ガス排出は、全ての人為的な温室効果ガス排出全体の22%に相当する[(11)]。2018年のIPCC 1.5度特別報告書[(13)]における人為起源の排出に対する気温変化のモデル予測では、パリ目標の1.5度以内を実現するためには、二酸化炭素CO_2の排出削減だけでなく一酸化二窒素N_2OやメタンCH_4の排出削減も必要であると指摘された。N_2OはCO_2の265倍もの地球温暖化係数をもつ温室効果ガスで、人為的排出源の約6割が農業由来である。また、水田はCH_4の排出源であり、世界の人為的CH_4排出源の約1割に相当する。このように温室効果ガスを大量に排出している食料生産システムの改変が人類生存に必須の課題となっている。特に、農業から排出される N_2O の割合は全体の約 6 割に達している[6]。

2.3 陸域の窒素循環

十分な水がある環境では、作物生育のための最大の律速因子はアンモニアや硝酸といった無機態の窒素化合物である。大気中には窒素ガス N_2 が大量にあるが、N_2 は安定な分子で植物は利用できない。ただ、マメ科植物のみは土壌細菌である根粒菌と共生し、根粒菌が化学的に安定な N_2 をアンモニアに変換する窒素固定をおこない、固定されたアンモニアが植物に利用される。土壌の窒素量は動物の糞尿や自然のマメ科作物の共生窒素固定に規定されており、残りは稲妻や火山活動で生成する少量の無機窒素化合物である。作物の収穫高と人口は土壌の窒素量によって強く制限されていた[14]。19 世紀に世界中で窒素肥料さがしが始まり、グアノという海鳥の糞由来の岩石を枯渇するまで掘りあさった。19 世紀後半にはチリ硝石の利権の奪い合いでチリ硝石戦争まで起こした。とにかく食料確保には窒素肥料が必要で、無機窒素化合物である硝酸は爆薬の原料ともなった[15]。カナダのスミル（Vaclave Smil）は、「20 世紀最大の発明は、飛行機・宇宙飛行・原子力・テレビ・コンピュータではなく、ハーバー・ボッシュ（Harbor-Bosh）法によるアンモニア合成の工業化である」と述べている。化学者のハーバーと天才的な技術者であったボッシュはともにノーベル賞を受賞し、夢の窒素肥料の生産技術を開発したが、後述するように生物圏全体を変質させ、戦争の形態を変えるなど、当時のヨーロッパの政治経済を変容させた[15]。もし工業的なアンモニア合成法が利用されていなければ、世界人口は現在の半分以下の 30 億人を下回っていると推定されている[16]。化学窒素肥料の生産と利用の結果としての窒素循環の大幅な加速は、人口増加を支える食糧生産を増加させることを可能にしたが、陸域や水系に多くの窒素汚染を引き起こしてきたことが定量的に明らかにされた[17]。さらに、人為起源の窒素の大部分は、土壌を経由してガス態における大気放出と下層への窒素溶脱により環境中へ拡散し、農作物収穫物も畜産・食料を経由して、最終的に環境中への窒素負荷となっていく[18]。このような人為起源の大量の反応性窒素は、人間の健康、生態系、気候変動に深刻な影響を及ぼし、その経済的損失は欧州連合EU域内のみでも年間100～400兆円に達すると見積もられている[19]。人と窒素の関係も、CO_2による地球温暖化と類似の帰結になる[14]。持続的な農業のためには、窒素循環を担う土壌微生物の研究が必要とされるゆえんである。

第三節　土壌微生物の多様性と利用

地球の限界でもSDGsでも、人間活動による生物多様性の減少が深刻と指摘されている。生物多様性は、生態系の多様性、種の多様性、遺伝子の多様性を含むが、主に現存する動物と植物の種が地球温暖化などの人為的な環境撹乱により絶滅の危機に瀕しているという点が強調されている。しかし、土壌中の細菌などの微生物については、そもそもどのくらいの種があるのか分かっていない未開状態である。目に見えない土壌細菌は顕微鏡で確かに観察されるが、それらの形態的特長は乏しく、種の分類は難しい。微生物の働きやゲノム（一つの生物のDNA遺伝情報の総体）は分離培養して初めて調べることができ、近代細菌学の開祖と言われるロベルト・コッホ（Robert Koch）らが約150年前に開発した寒天平板培地が今でも用いられている[3]。

3.1　土壌中の微生物の種数・菌数・量[3]

平均すると土壌1グラムに約100億の細菌が生息しており、その種数は最大9000種とも推定されているが分離培養困難な細菌が多いので本当の細菌種数は不明である。土壌1グラム中のカビの種数は最大300種で、菌糸の長さの合計は最大1キロメートルに達する。しかし、分離培養可能な土壌細菌種は約1%程度である。近年発達したゲノム解析技術により残り約99%の存在はある程度分かってきている。具体的には、土壌からDNAを抽出し、土壌細菌の系統マーカ遺伝子などのDNA塩基配列を決める方法であるが、それらの土壌細菌種の物質変換能などの働きはほとんど見えてこない。例えば、温室効果ガスN_2OをN_2に還元する土壌細菌としてゲマチモナスと言われる一群の細菌が重要な働きをしていることが示唆されているが、分離培養が困難であることで今のところその実態に迫れていない。

一方、培養可能な土壌細菌でも分離培養によりそれらの生活環の一部しか見ていない場合がある。私が研究をおこなってきた根粒菌ゲノム変化の研究例を紹介したい。実はこの研究内容は説明が難しいので、今まで一般の方へ日本語で説明したことはない。しかし、私が若い頃に強い興味を覚えた私のライフワークの一つで、土壌細菌の生活のダイナミックな姿の一端を見てとれる。

3.2　根粒菌ゲノムのジレンマ

土壌中の根粒菌（土壌細菌）はマメ科植物の根に感染して、根粒というコブ状の組織をつくる。根粒内では植物からエネルギーが供給され、根粒菌が大気中の窒素ガス（N_2）をアンモニア（NH_4^+）に変換する窒素固定を行い、植物の窒素栄養として利用される。微生物と植物の典型的な相利共生である。根粒菌とマメ科植物の共生系には寿命があるので、根粒菌は土壌中の自由生活と植物中の共生生活を繰り返している（図１）。

こうみると根粒菌は土壌中の細菌の勝者に見えるが、彼らにも悩みがあることが根粒菌のゲノム（遺伝情報の総体）研究でわかりつつある[20]。根粒菌でない土壌細菌が根粒菌に必須の共生アイランドとよばれる共生遺伝子セットを獲得すると、土壌でも根粒の中でも生活できるので根粒菌として子孫を増やせるメリットがある。しかし、共生アイランドに含まれている挿入配列と呼ばれる因子のコピー＆ペースト型の転移が始まり、時間が立つにつれてゲノム中の様々な遺伝子が壊れてくる。そうなると生育に必須な遺伝子が確率的に破壊され土壌中や培地中の生育速度が低下し、やがて絶滅してしまうというストーリーである。挿入配列は細菌ゲノムにおける最小の転移因子で、植物や動物ではトランスポゾン

写真１　ダイズの根粒

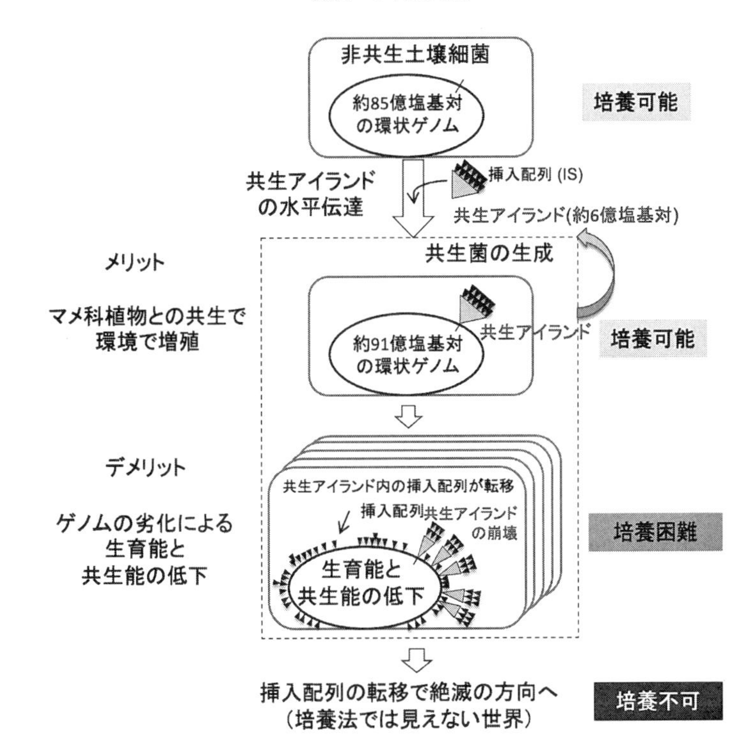

図１　ゲノム解析から見えてきたダイズ根粒菌の生成と消滅の仮説

と言われることもある。身近な例としてアサガオやツツジの花の「斑入り」は転移因子であるトランスポゾンが動くことにより形成される。

挿入配列は、料理屋さんのようなもので共生などの新しい遺伝子セットを切り貼りして作り出すのには貢献するが、時として根粒菌ゲノムの悪性腫瘍（ガン）のように振る舞う。ゲノムがズタズタになった根粒菌は培養困難なので今まで見つかってこなかったが、挿入配列の転移や共生アイランドの料理が実験室でも起こった。今までの分離根粒菌のゲノム比較による「記載的な観察」から「実験科学」へ一歩踏み出したと考えている[21]。根粒菌は多数の土壌細菌の一種類ではあるが、土壌では細菌ゲノムのダイナミックな変化が起きており、根粒菌を切口として土壌細菌のあり方が見えてきた。

3.4　根粒菌の生物地理学

日本をはじめとする東アジアでは、ダイズ根粒菌は土壌中に普遍的に生息している。日本のような多雨で酸性土壌の場合は、*Bradyrhizobium* 属根粒菌が主要で、主に *B. diazoefficiens*、*B. japonicum*、*B. elkanii* の3種からなる。学名は難しいので、それぞれBdさん、Bjさん、Beさんとしよう。沖積土壌には共生窒素固定能の高いBdが多いが、黒ボク土壌ではBjが多く、沖縄などの亜熱帯地域にはBeが生息している。ダイズ根粒菌は共生窒素固定だけでなく、その逆過程の脱窒も行い、硝酸イオンから窒素ガス（N_2）までの還元（硝酸 NO_3^- →亜硝酸 NO_2^- →一酸化窒素 NO →一酸化二窒素 N_2O →窒素ガス N_2）をおこなう。Bdでは全ステップの反応を担う還元酵素遺伝子を保有し完全脱窒型であるが、Bjでは N_2O 還元酵素遺伝子を欠いているために最終過程の N_2O 還元活性（$N_2O \rightarrow N_2$）は示さない部分脱窒型である。Beは脱窒を行わない。つまり水田に利用される沖積土壌では、湛水して酸素 O_2 がない条件でもBdが完全脱窒でエネルギーを取得できるので多いと考えられる[23]。

根粒菌は窒素固定過程でエネルギーの25%を水素ガス H_2 として放出する。ご存知のように H_2 は空気中で燃えるのでエネルギーを持った物質である。H_2を放出するのは窒素固定酵素の宿命で、せっかく植物の光合成産物から受け取ったエネルギーの無駄使いといえる。そこで、一部の根粒菌はヒドロゲナーゼという酵素でこの水素ガスH_2を酸化してエネルギーを回収している。Bdのヒドロゲナーゼ遺伝子を調べると、関東以南から沖縄で多く、北海道などの北日本ではヒドロゲナーゼ遺伝子がない。その理由を調べたところ、根粒から水素ガスH_2がでると根粒または根の周辺にある種の水素酸化細菌が増えて、それが低温条件でダイズの生育を促進することが明らかになった。一見エネルギーの無駄使いと思われた根粒からのH2発生も役に立っていたのである。

このように土着の根粒菌は温度や土壌環境に適した地理的分布をしており、他の土壌微生物でも同じような環境適応があるのではないかと考えられる。

3.5　根粒菌接種による温室効果ガスN_2O発生削減

根粒には寿命があり。最初は新鮮根粒として活発に窒素固定を行っているが、根粒着生から2～3ヶ月後に根粒の窒素固定能が低下し、老化してくる。その老化根粒では、根粒内のタンパク質が分解し、硝化・脱窒過程によりN_2Oガスの発生が起こる。ここでは、微生物のみでなく土壌中の線虫や原生動物の食物連鎖が重要な役割を担っている。いずれにせよ、老化根粒からは一過的に多量のN_2Oが発生し大気中に放出される。すなわち、老化根粒はN_2O発生源（ソース）となる。しかし、N_2O還元酵素遺伝子を持ったダイズ根粒菌Bdが根粒形成している場合は、BdがN_2OガスをN_2ガスに変換するために、N_2O吸収源（シンク）となる。N_2O発生はN_2O発生源（ソース）とN_2O吸収源（シンク）のバランスで決まり、N_2O還元型ダイズ根粒菌の人工接種によりN_2Oの低減化が可能かもしれないと考えた[23]。

ダイズ根圏からのN_2O発生をさらに削減するために、N_2O還元酵素活性の高いダイズ根粒菌株（N_2OR強化株）を突然変異により作製した。親株と比較し、いずれの株でもN_2O還元酵素活性の顕著な上昇が認められた。N_2OR強化株を実験圃場で試験したところ、根粒老化が起きる収穫期前後にダイズ根圏から発生するN_2Oが半減した。これは、圃場レベルの微生物接種により温室効果ガス削減に世界で初めて成功した研究である[(24)]。現在、N_2O消去能力のさらに高い根粒菌などの土壌細菌の人工接種によって、農地土壌からのN_2O発生の削減技術の開発に取組んでいる。

第四節　温室効果ガスの排出削減に必要なこと

最近耳にする「Human well-being」は、WHO（世界保健機関）の憲章から広まった言葉で、「身体だけでなく精神的にも社会的にも持続的にうまくいっている状態」を本来意味するが、「人々の幸福」とも短く訳されている（中村尚樹）。地球温暖化問題をはじめ世界的な諸問題が山積している現代において、はたして「Human Well-being」とは何なのか、それを最大化するためにはどのような経済や社会が必要なのか考える必要がある。ジャーナリストの中村尚樹氏は、「日本最先端の知性が語る「幸福」とは」というインタビューを20名以上の科学者におこなった（中村2023)。その回答には、「自然の恵みをほどほどに享受できる暮らしが世代を超えて可能なこと」、「社会との接点を持って自己実現すること」、「個人の感覚的な幸福と自己実現・生きがいを感じる幸福のバランス」など興味深いものが多い。

東日本大震災ではライフラインが止まり、人間がそれなりに生きるためのミニマムのエネルギー消費や環境負荷は、通常の生活よりかなり少なくできることを私は実感した。多くの人が「Human well-being」感じながら、エネルギー消費や環境負荷を減らせる社会をどう実現したら良いであろうか。

4.1　温室効果ガス排出削減の秘策はあるか？

地球温暖化を止めるにはどうしたら良いだろうか？　前述のIPCCの報告書では、今世紀末までの複数のシナリオを描き、十年以内にパリ目標の1.5度を超えると警告している[11]。日本も含めて各国が削減目標を掲げているが、それでは間に合わないというのがIPCCの見解である[11]。現在の地球は間氷期と氷河期を繰り返すサイクルを持っている[25]。このまま地球温暖化が進むとその本来のサイクルに戻れず、温度上昇が2度を超える時点で、自然界の10個の「増幅装置」がドミノ倒しのように温暖化を加速する働きに転換し、地球自体が「Hothouse earth」というモードに移行するという警告がだされている[25]。「増幅装置」の例として、永久凍土が溶解し微生物によるメタンやCO_2の温室効果ガス排出の加速が挙げられている。

IPCCの緩和の報告書[11]ではCO_2換算で1トンのCO_2について100ドルかければ地球温暖化を遅れさせることができると提案されているが、その100ドルをどのような意思をもって誰が払うのであろうか？　温室効果ガス排出量取引などの施策が国内外の企業連合や政府ではじまっているが、その制度実現の速度は、国民の意識改革や温室効果ガス削減技術が後押しするはずである。そのような背景から、私の研究プロジェクトで、市民科学研究を始めてみた。

4.2　市民科学「地球冷却微生物を探せ - Soil-in-a-Bottle」

市民科学（Citizen Science）は、職業科学者ではない一般の市民によって行われる科学的活動を指し、生活に入り込んでいる技術や科学知を、市民がよりよい暮らしに向けて選択し、編集し、活用し、研究開発を適正に方向付けていくという多面的な活動である。すでに、鳥類学・天文学・気象観測・多様な生物の観察のほか、哲学・言語学・民俗学・考古学・地理学など多岐にわたる学問分野でおこなわれている。国内では、第5期科学技術基本計画や学術会議でも市民科学の推進を奨励しており、海外ではヨーロッパ連合EUの主導する研究プロジェクトでも触れられている。しかし、今までの自然科学の市民科学は、観察情報を集積する場合が多く、市民が実験を行うタイプはほとんどない。

私の関わっている市民科学プロジェクトでは、温室効果ガスのなかでも

写真２　市民科学「Soil-in-a-Bottle」の実験風景

土壌が主要な排出源となっている N_2O について焦点を当て、市民の方に任意の土壌を瓶に入れて実験するので、「Soil-in-a-Bottle」という愛称をつけている（https://dsoil.jp/soil-in-a-bottle/）。市民科学「Soil-in-a-Bottle」は、N_2O 消去微生物の探索、科学を楽しむ文化の醸成と将来のユーザー開拓、土壌と空気の大規模データ構築の３つの目的がある。主旨に賛同した小学生から年配者までの市民が、土壌由来の N_2O 発生と吸収の測定と微生物叢解析のための土壌サンプリングを実施している。得られたデータを市民に返却するとともに、全体の分析結果と研究背景の説明を定期的に行って、双方向コミュニケーションをおこない、コメントも含めたフィードバックを得ている。このような活動から、科学的に N_2O を吸収する土壌の共通点やその微生物叢の特徴がわかり始めており、さらに手軽に実験できる装置の開発も進めている。集まった気体と土壌のデータやサンプルの総計は１万点を超えており、日本国内限定であるが、学術的にトップクラスのデータセットとなっている。今は、事務局が準備した実験器具を使って市民科学研究を行っているが、市民参加者の発想で市民科学ができないかと思案している。このネットワークの広がりによって、どのように地球温暖化を防ぐための社会変容や微生物利用技術にしていくかが今後の課題である。

おわりに

地球温暖化と土壌微生物という大きなタイトルで土壌微生物を軸に論考してみた。温室効果ガスも微生物も目に見えないが、温暖効果ガスによる地球環境の激変はいつか必ず起こる。直近では人為的な温室効果ガスの4分の3を占めるCO_2の排出を実質ゼロにすることが急務である。しかし、その後N_2Oやメタンの人為的な排出をいかに減らすか、そのための研究と技術が求められている。

本稿では紹介しなかったが、水田から発生する温室効果ガスのメタンを、イネ根に生息しているメタン酸化細菌で削減する研究にも携わり、イネと微生物の関係を最適化した「低メタン米」がスーパーマーケットの店頭に並ぶ光景を夢見ている。また、N_2Oを出さないダイズを原料としたダイズミートでつくったハンバーガーも同じである。もし、そのような商品が陳列されたとして、果たして皆さんは購入するであろうか？
地球温暖化はおそらく私達の子供や孫の世代で深刻化するが、「そのために現在の便利な生活を捨てるつもりはない。」という意見も講義の際に聞いた。

結局、研究者だけでなく市民も含めて、「Human well-being」を下げないで、温室効果ガス排出を削減する技術とそれを受容する社会をボトムアップで作っていく努力が必要であると考える。その主体は、地産地消を目指す地域でも良い、市民科学でも良い。大学に所属する科学者として自分を振り返るに、自分が興味を持った研究はとても楽しいが、地球温暖化をふせぐというミッションのためには、専門の垣根を越えた学際的研究がどうしても必要である。また、色々な勉強が必要で苦痛と感じることもある。そのような学際的研究についての枠組み[26]や研究者が今後増え、楽しい普通の研究になることを期待して筆をおろしたい。

註・参考文献

1）サイエンスライターの宮田満さんと対談の記録である。宮田 満のバイオ・アメイジング～緊急対談「土壌微生物で温室効果ガスを削減する「クールアース」とは？」2023
https://www.youtube.com/watch?v=BQbAnATmasM
2）Cavicchioli R, et al. 2019. Scientists' warning to humanity: microorganisms and climate change. Nat Rev Microbiol., 17: 569-586.
3）南澤究（編）、妹尾啓史（編）、青山正和、齋藤明広、齋藤雅典. 2021.『エッセンシャル土壌微生物学 作物生産のための基礎』、講談社.
4）Weiss MC, et al. 2016. The physiology and habitat of the last universal common ancestor. Nat Microbiol., 1: 16116.
5）和穎朗太. 2016. 陸域最大の炭素・窒素プールを制御する土壌微生物と土壌団粒構造、土と微生物、70: 3-9.
6）Sanderman J, et al. 2017. Soil carbon debt of 12,000 years of human land use. Proc Natl Acad Sci U S A., 114: 9575-9580.
7）ラタン・ラル博士の 2019 年に「日本国際賞」のインタビュー記事
https://scienceportal.jst.go.jp/explore/interview/20190423_01/
8）ストックホルム大学のレジリエンス研究所の元センター長である Johan Rockström 氏らが 2016 年に提唱したウェディングケーキモデル（The SDGs wedding cake）
https://www.stockholmresilience.org/research/research-news/2016-06-14-the-sdgs-wedding-cake.html
9）IPCC（2021）Climate Change 2021: The Physical Science Basis. Contribution of Working Group I to the Sixth Assessment Report of the Intergovernmental Panel on Climate Change. Cambridge University Press, Cambridge, UK and New York, NY, USA
10）IPCC（2022a）Climate Change 2022: Impacts, Adaptation, and Vulnerability. Contribution of Working Group II to the Sixth Assessment Report of the Intergovernmental Panel on Climate Change. Cambridge University Press, Cambridge, UK and New York, NY, USA
11）IPCC（2022b）Climate Change 2022: Mitigation of Climate Change. Contribution of Working Group III to the Sixth Assessment Report of the Intergovernmental Panel on Climate Change. Cambridge University Press, Cambridge, UK and New York, NY, USA
12）IPCC（2018）Global Warming of 1.5℃, Cambridge University Press, Cambridge, UK and New York, NY, USA
13）Tian H, et al. 2020. A comprehensive quantification of global nitrous oxide sources and sinks. Nature, 586: 248-256.
14）藤井一至. 2022. 大地の五億年、山と渓谷社、p. 307
15）トーマス・ヘイガ、渡会圭子訳、白川英樹解説. 2021.『大気を変える錬金術 ハーバー、ボッシュと化学の世紀』、みすず書房. p. 313.
16）Erisman JW, Sutton MA, Galloway J, Klimont Z, Winiwarter W. 2008. How a century of ammonia synthesis changed the world. Nat Geosci., 1: 636-639.

17） Gruber N and Galloway JN. 2008. An Earth-system perspective of the global nitrogen cycle. Nature, 451: 293-296.
18） Zhang X et al. 2021. Quantification of global and national nitrogen budgets for crop production. Nat Food., 2: 529-540.
19） Sutton MA et al. 2011. Too much of a good thing. Nature, 472: 159-161.
20） Iida, T. et al. 2015. Symbiosis island shuffling with abundant insertion sequences in the genomes of extra-slow-growing strains of soybean bradyrhizobia. Appl Environ Microbiol., 81:4143-4154.
21） Arashida H et al. 2022. Evolution of rhizobial symbiosis islands through insertion sequence-mediated deletion and duplication. ISME J., 16: 112-121.
23） 南澤究. 2016. イネとダイズの共生微生物による窒素代謝、肥料科学、38 巻、p. 79-108.
24） Itakura, M. et al. 2013. Mitigation of nitrous oxide emissions from soils by Bradyrhizobium japonicum inoculation. Nature Climate Change, 3: 208-212.
25） Steffen W. et al. 2018. Trajectories of the earth system in the anthropocene. Proc Natl Acad Sci U S A., 115: 8252-8259.
26） このような考え方は、RRI（責任ある研究：Responsible Research and Inovation）とよばれ、環境と社会への影響と潜在的な影響を考慮に入れた科学研究と技術開発プロセスの必要性が、欧米を中心に展開されつつある。

第四章　気候変動と洪水災害

田中　　仁

はじめに

「天災は忘れた頃にやってくる」

寺田寅彦はこの名言を残し、自然災害に対する不断の備えを促している[1)]。ただし、近年の我が国における洪水災害を振り返ってみると、忘却するいとまもなくほぼ毎年といって良い高頻度で発生していると言わなければならない。また、海外においても同様に甚大な洪水災害が頻発している。IPCCの評価報告書によれば、極端な高温や大雨などが起こる頻度とそれらの強度が地球温暖化の進行に伴い増加すると予測されている。気候変動がもたらす自然災害の激化は多岐にわたり、水災害に限定すれば、本稿で扱う洪水災害以外にも、海岸侵食、高潮災害、塩水遡上などが挙げられる。

海岸侵食に関しては、気候変動の影響が議論される以前から国の内外において大きな問題となっている。上流のダムによる土砂の捕捉や砂防事業による土砂生産の抑制による海岸への供給土砂の減少、防波堤などの各種海岸構造物の建設がもたらす沿岸域での変化が海岸侵食の大きな発生原因であると言われているが、気候変動によりさらに大きな被災がもたらされると予想されている。例えば、21世紀末（2081～2100年）までに海面の上昇と波高の長期変化によって平均的に25m程度海岸線が後退する可能性があると推定する報告がある[2)]。

また、高潮災害については、日本の大都市が沿岸域の低平地に位置していることから、気候変動により台風や低気圧による高潮による被害が甚大なものになるとの予測がなされている[3)]。

さらに、2011年3月11日の東日本大震災津波に代表される津波災害については、気候変動が発生津波に対する直接的な影響は持たないものの、海面の上昇は津波の伝搬過程・遡上過程に変化をもたらし、沿岸域における津波リスクを増加させるものと推定されている[4)]。

塩水遡上の問題は、河口近傍においてきわめて緩い勾配を有する大陸河川において顕在化するものと予想されている。その代表的地域としてはベトナム・メコンデルタが挙げられる。海面上昇と上流での取水による河川流量減少が河口域における塩水遡上を助長すると危惧され、我が国とは異なる大陸河川・国際河川に特有な課題を有している。代表的な気候変動・河川流量減少のシナリオのもとでのメコンデルタにおける数値シミュレーションにより、水稲栽培への影響について定量的な検討がなされている[5)]。

本稿においてはこれらの気候変動により大きな影響を受ける可能性のある水災害のうち、我々の生活にもきわめて身近な洪水災害を取り上げる。まず、気候変動に伴う近年の降雨の変化を紹介した後に、吉田川流域および阿武隈川流域丸森町における近年の豪雨災害について紹介するとともに、この地域を含めて、今でも日本全国に残されている明治初期の外国人お雇い技術者の貢献についても触れている。さらに、近年、我々の日常においても耳にすることが多い「流域治水」について言及する。

第一節　気候変動に伴う豪雨発生頻度変化と令和元年台風 19 号水害

1.1　気候変動による豪雨発生頻度変化と河川計画

図－1は、気象庁が公表しているデータをもとに、近年におけるアメダス観測地点における1時間降水量 50mm 以上の年間発生数 N を図示したものである。また、このデータに当てはめた回帰直線も示しており、その結果によれば、統計期間 1976 ～ 2022 年で 10 年あたり 28.7 回の増加が認められる[6)]。このように、近年においては豪雨の発生頻度が有意に増していることが確認される。また、より強度の強い雨ほど増加率が大き

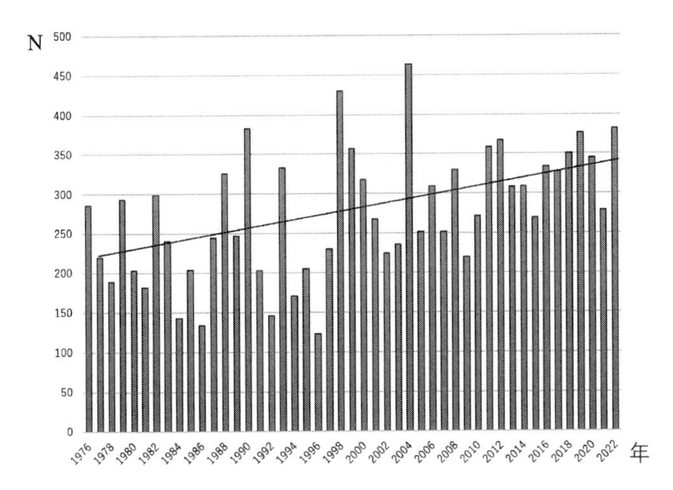

図－1　１時間降水量 50mm 以上の年間発生数

くなっており、1 時間降水量 80mm 以上、3 時間降水量 150mm 以上、日降水量300mm以上など強度の強い雨は、1980 年頃と比較して、発生頻度が 2 倍程度に増加していることが明らかになっている[6)]。

河川の幅や堤防の高さは、100 年、150 年に一度の発生頻度を有する洪水、いわゆる計画洪水を安全に流下させ得るものとして計画される。そして、「治水安全度」とは、被害を発生させずに安全に流せる洪水の発生する確率年で表現する。しかし、図－1 に示す様な近年の降雨量の変化は、このような過去の雨量統計に基づく治水安全度の低下をもたらしている。このため、気候変動による降水量の変化は、河川の整備計画の見直しを含む、大きな課題を投げかけている。

1.2　令和元年台風 19 号豪雨災害

台風第 19 号は 2019 年 10 月 6 日に発生、12 日に日本に上陸し、激甚災害、特定非常災害に指定された非常に大型の台風である。台風は、北よりの偏西風や太平洋高気圧が発達していた影響で、関東地方に上陸後西寄りの経路で進行した。また、一般に台風が発達するとされている 27℃

以上の海面水温域が日本近海まで分布していたことや、海面のみならず水深が深い所まで水温が高かったことも要因となり、台風は強い勢力を保ったまま日本に上陸した。その後、令和元年台風19号は関東地方から東北地方にかけて大きな災害をもたらした。

1.3　内水氾濫と外水氾濫

この令和元年台風19号による宮城県丸森町での水害直後のマスコミ報道を見ると、「内水氾濫」と「外水氾濫」とを区別することなく、「阿武隈川の水が溢れた」とする記述が散見された[7)]。ただし、この二つの氾濫は現象として全く異なるものであり、それに伴い対策も異なることから、明確に区別されるべきである。

内水氾濫は、我々の居住する市街地等（堤内地）に排水能力を超える雨が降り、浸水する現象である。一方、外水氾濫は、河川堤防の決壊や、決壊に至らずとも堤防を越流する流れ等により河川側（堤外地）から氾濫した水による浸水である。

令和元年台風19号の際には仙台中心部においても洪水被害が見られたが、これは内水氾濫である。このため、仙台市は「広瀬川第3雨水幹線」の建設を進めており、これにより10年に1度発生すると予想される豪雨に対処できることとなる。川内周辺の広瀬川は深く掘り込まれた河道であり、外水が仙台市中心付近に溢れることは無い。

以下に示す令和元年台風19号による吉田川の豪雨災害は外水氾濫によるものであるのに対して、同年丸森町における洪水災害は両者が混在していることに注意を向けることが重要である。

第二節　吉田川洪水災害と治水の歴史

2.1　吉田川洪水の歴史

吉田川は一級河川鳴瀬川の支川である。鳴瀬川は流域面積1,130km^2、幹川流路延長89kmであり、東松島市野蒜において石巻湾に注いでいる。また、河口から約10kmの地点からは右支川吉田川が背割堤（2つの河川

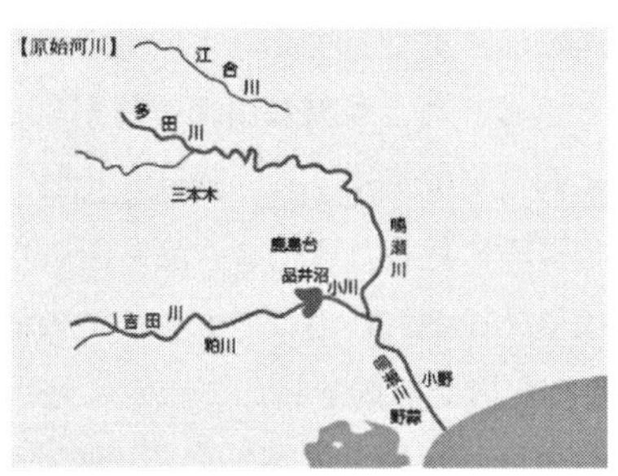

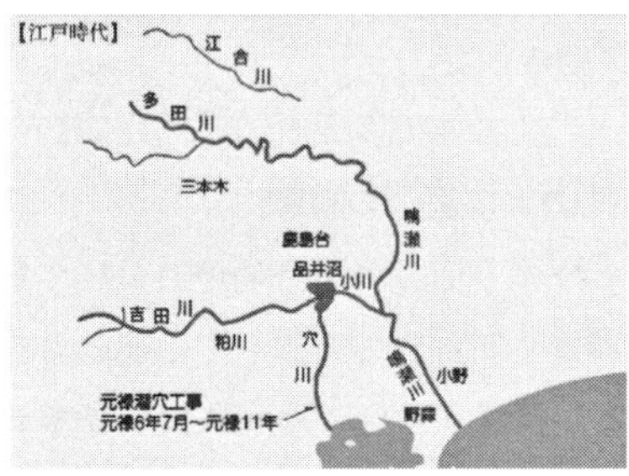

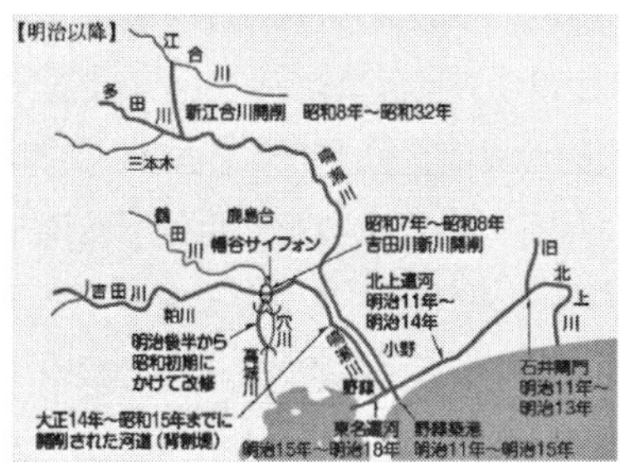

図－２　鳴瀬川の歴史的変遷 [8)]

が合流する場合、一方の川の影響が他の河川に及ばないように２つの河川の間に設ける堤防）を隔てて併流し、河口において合流する。吉田川は山地部において約1/150から1/300の勾配を有しているが、平野部に出たところで急激に河床勾配が緩くなり、1/2,000から1/3,000程度の値となる。このため、平野部において水が滞留して洪水被害を受けやすい地形的特徴を有している。鳴瀬川が貫流する大崎平野は世界農業遺産に選ばれた穀倉地帯であるものの、これまでも洪水や渇水が頻発してきた。

図－2には鳴瀬川の歴史的変遷を示している[8)]。吉田川端部には品井沼があり、小川（こかわ）により鳴瀬川につながっていた。このため、洪水時には品井沼に向けて鳴瀬川からの逆流が生じ、遊水地の機能を果たしていた。図－2中段に見られる様に、品井沼の水を松島湾に排水するために、江戸時代に元禄潜穴が建設された。その後、潜穴内での土砂の堆積等によりその排水機能が低下したことから、2.4に示す様に明治初期に新たな潜穴建設の計画が持ち上がり、その事業を含めて図－2下段に示す治水工事が実施された。

2.2　明治期お雇い外国人技術者の貢献

我が国固有の治水技術として、甲府盆地において武田信玄の命により築造された信玄堤が良く知られている。その他にも、関東流、紀州流など、異なる流派により我が国独自の治水技術が経験的な技術として伝承された。一方、ヨーロッパにおいては数学・物理学を基礎とする流体力学･水理学などの自然科学の進展に伴い、その成果が河川工学にも応用されることにより近代的な技術として発展を遂げ、実河川における治水･利水技術に応用された[9)]。この様な技術的相違の状況を鑑み、開国直後の明治政府は海外から多くの外国人技術者を招聘した。招かれた技術者の分野は河川のみならず、港湾、道路、鉄道の建設など多岐にわたっている[10)]。このうち、河川･港湾の分野においては、当時から優れた技術を有するオランダ人技術者が招かれ、日本各地にその足跡を未だに残している。

このうち、ファン・ドールンは明治初期1872年にオランダから招聘されたお雇い外国人技術者の一人である。彼は現在のデルフト工科大学の前身のアカデミーにおいて土木工学を学んだ後に、オランダ国内、インドネシアにおける幾つかの実務経験を経て来日した。その後、帰国する1880年までに品井沼排水事業の他にも福島県猪苗代湖安積疎水の開削、図－2最下段図に示された、明治三大築港に数えられる宮城県野蒜築港など当時の大規模な国家的プロジェクトに参画した。また、我が国における最初の量水標を利根川に設置し、水文基礎資料蓄積の重要性を我が国に伝えている。

2.3　選奨土木遺産

我々の生活における優れた利便性は、様々な分野における数々の技術によってもたらされてきた。これらの技術を顕彰し、今後の時代に引き継ぐことは大きな意義を有していると言えよう。この様な背景から、工学系の諸学会においては歴史的な技術の顕彰制度が設けられている。機械学会、電気学会、化学会、土木学会などがこの顕彰制度を有している。このなかで、土木学会は、土木遺産の顕彰を通じて歴史的土木構造物の保存に資することを目的として、土木学会選奨土木遺産の認定制度を2000年度に設立している。この顕彰により、以下に列記することがらが促されることを期待している。

(1) 社会へのアピール（土木遺産の文化的価値の評価、社会への理解等)。
(2) 土木技術者へのアピール（先輩技術者の仕事への敬意、将来の文化財創出への認識と責任の自覚等の喚起)。
(3) まちづくりへの活用（土木遺産は、地域の自然や歴史･文化を中心とした地域資産の核となるものであるとの認識の喚起)。
(4) 失われるおそれのある土木遺産の救済　(貴重な土木遺産の保護)。

ファン・ドールンを初めとする明治初期のオランダ人技術者が関わった河川工学･港湾工学分野の歴史的事業も、これまで表－1に示す様に選奨土木遺産に認定されている[11)]。このうち、2002年に選奨認定を受けた福島県安積疎水建設におけるファン・ドールンの多大な功績を讃えて、猪苗代湖畔には同氏の銅像が建立されている。

なお、オランダ・デルフトに近いハーグのエッシャー美術館に多くの作品（だまし絵、トリックアート）が展示されている、高名な画家マウリッツ・コルネリス・エッシャー（1898-1972）は、表－1中のジョージ・アルノルド・エッセルの子息である。エッシャーのだまし絵には水流・水

表－1　オランダ人技術者が関わった選奨土木遺産（文献11）から邦訳改変）

オランダ人後術者 （生没年）	選奨土木遺産 受賞年度	受賞対象事業
コルネリス・ヨハネス・ファン・ドールン（1837-1906）	2000	野蒜築港 （宮城県）
ヨハネス・デレーケ（1842-1913）	2000	大谷川砂防堰堤 （徳島県）
ローウェンホルスト・ムルデル（1848-1901）	2001	三角西港 （熊本県）
コルネリス・ヨハネス・ファン・ドールン	2002	安積疎水 （福島県）
ヨハネス・デレーケ	2004	榛名山麓砂防堰堤群 （群馬県）
ジョージ・アルノルド・エッセル（1843-1939）、 ヨハネス・デレーケ	2004	三国港エッセル堤 （福井県）
ヨハネス・デレーケ	2004	オランダ堰堤 （滋賀県）
ヨハネス・デレーケ	2005	木曽川・揖斐川導流堤 （三重県）
ローウェンホルスト・ムルデル	2006	利根運河 （千葉県）
ヨハネス・デレーケ	2007	中島川護岸 （長崎県）

路を題材にした作品が散見され、明治期の日本において活躍した河川・港湾技術者であった父親エッセルの影響があるのかもしれない。

2.4　ファン・ドールンによる吉田川の治水計画

上述の様にファン・ドールンの日本滞在は、一度の帰国をはさんで1872年から1880年に及んだが、その任を離れるにあたり吉田川下流・品井沼の排水に関する技術的な検討結果を中心とする復命書[12)]を取りまとめ、時の内務省土木局長石井省一朗宛てに提出している。その原本は現在も宮城県公文書館に保存されている。その一部を図－3に示す。当時、技術的な検討に不可欠な降雨資料も十分ではない中で、ファン・ドールンは東京における降雨資料を吉田川流域に援用するなどの苦心の末、潜穴に

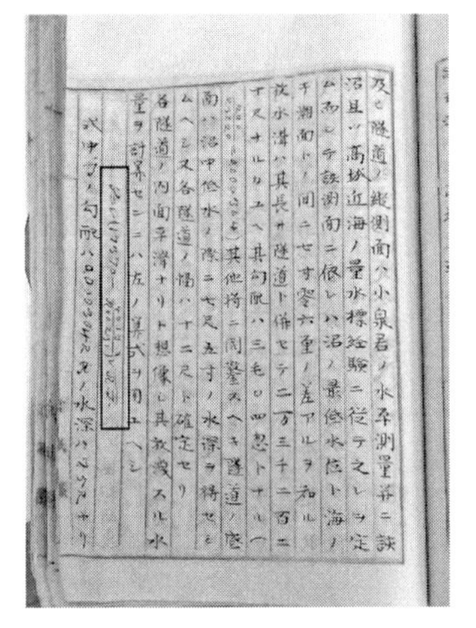
及ヒ隧道ノ縦側面ハ小泉君ノ水平測量簿ニ拠[illegible]
沼且ツ高城近海ノ量水標経験ニ従テ之レヲ定
ム而シテ該側面ニ依レハ沼ノ最低水位ト海ノ
平潮面トノ間ニ七寸零六分ノ差アルヲ知ル
故ニ水準ハ其長サ隧道ト倶ヒテ二万三千二百ニ
十又十ルカユヘ其勾配ハ三毛〇四忽ト十ル[illegible]
[illegible]）其他将ニ閲鑒スヘキ隧道ノ底
面ハ沼中低水ノ際ニ七尺五寸ノ水深ヲ得セシ
ムヘシ又各隧道ノ幅ハ十二尺ト確定セリ
各隧道ノ内面平滑ナリト想像シ其放流スル水
量ヲ計算セシニハ左ノ算式ヲ用ユヘシ
[illegible]
式中ノ勾配ハ[illegible]ノ水深ハ[illegible]

図－３　ファン・ドールンによる流量計算書（宮城県公文書館所蔵）

よる排水計画を立案している。品井沼から松島湾に排水するための水路（トンネル）の勾配は1/3000の緩勾配である。彼の検討結果によれば、既往の最大降雨および第二位の降雨に対応するために、それぞれ14条および12条の排水路が必要であり、得られる便益に比べてきわめて多大な工事費を必要とすることから、排水トンネルの事業化は不可能であるとの結論を導いている。

なお、図－３において排水路内の平均流速を求めるにあたり、現在では水工学分野でほとんど用いられることのないクッター（Kutter）型、バザン（Bazin）型の式を用いている（図－３中の四角部分）。当時、流速、流量の計算が尺単位でなされている点がきわめて興味深い。

ファン・ドールンによる復命書の提出は前述のように1880年であり、一方、クッター式は1869年の提案である。また、バザンの式には二つのバージョンがあり、1865年および1897年に提案されている。ただし、復命書に記されている式はこれらの式形と異なっており、また、訳文の際に生じたと推測される誤記も認められる。なお、ファン・ドールンは安積疏水の流量検討においても同様な式を使用している[13]。今日においても

図－4　現在の明治潜穴の穴頭側

河川工学、水工学の多くの場で広く使用されている式にマニング式[9]がある。同式は1889年にアイルランドの技術者ロバート・マニングにより発表されているので、1880年のファン･ドールンの復命書において使用されていないことは当然である。この様に、ファン・ドールンの検討がなされた明治時代初期は実用的な平均流速公式の揺籃期に当たっており、水理学史の観点からも興味深い内容を伴っている。現在の最先端の技術を以てファン・ドールンの技術的検討内容を評価するとどうなるか？興味深い検討テーマである。

その後、この地域における降雨･河川水位などの基礎資料の蓄積を待って、日本人技術者により1900年に再び品井沼排水計画に関する検討が実施された。その報告によれば、5条の排水路により投資に見合う効果が上がるとされた。これを受け、当時の東京帝国大学教授･中山秀三郎（後の第11代土木学会会長）により、先行して3条の排水路建設を行うこととの意見書が出された。その後、排水路を1条に減ずるなどの案を経て、最終的には3条の建設がなされ、現在に至っている。現在の明治潜穴の穴頭側の状況を図－4に示している。ここから1.3kmのトンネル（潜穴）を経て、高城川と名称を変えて松島湾に注いでいる。

なお、図－2下段に示されている品井沼排水事業に関わる堤防、サイフォンなどを含めた関連施設は2007年選奨土木遺産に選定され、現地には明治潜穴公園が整備されている。

2.5　吉田川の治水と鎌田三之助

魚鼈蛟龍何処辺（ぎょべつこうりゅういづこのへん）
蒼波萬頃尽稲田（そうはばんけいことごとくいなだとなる）
若教世道如人意（もしおしえせいどうじんいのごとくんば）
豈費経綸三百年（あにけいりんさんびゃくねんをついやさん）

この漢詩は、先述した鳴瀬川支川吉田川の合流点近くに位置した品井沼周辺の洪水対策に人生の多くを捧げた旧鹿島台村「わらじ村長」鎌田三之助が、洪水排水を目的とした明治潜穴の通水式（1910年）に際して詠んだものである[14]。かつて多くの魚やスッポンの生息した沼沢地が見渡す限りの美田となった感慨、300年の長きにわたって費やされた人々の労苦を謳っている。河川分野に限らず、自然災害に関わる人間の達成の境地を表すものと感じる。

この流域は上記の鎌田三之助翁の生涯に見られる様に古くからの水害常襲地帯であり、旧品井沼を含む鳴瀬川・吉田川沿川においては古くから様々な洪水対策が取られて来たが、近年だけでも、昭和61年8.5豪雨、平成27年関東東北豪雨、さらには令和元年豪雨による度重なる浸水被害を被っている。

また、2011年東日本大震災津波には鳴瀬川河口部が大きな被災を受け、その後、堤防かさ上げなどの工事が実施された。しかし、現在も河口部には津波の痕跡が残り、津波・洪水の複合災害としての認識も求められる。

また、この鳴瀬川河口部は、図－2下段に示されている明治期の野蒜築港[10]の歴史にも彩られており、この事業もファン・ドールンにより計画がなされたが、この国家プロジェクトは断念された。

2.6　令和元年台風19号による洪水被害

令和元年台風19号時には流域内の青野雨量観測所において410mmの総降雨量を記録し、さらに流域内の6箇所の降雨観測所において既往1位を観測している。我が国における平均年間降水量が約1,700mmであることを考えれば、いかに大きな値であることが理解される。この雨による洪水により、吉田川流域においては6観測所で計画高水位を超過した。その結果、吉田川の20.9km地点において堤防決壊（破堤）が生じた。直近の粕川水位観測所においては急激な水位の上昇が認められ、計画高水位を6時間にわたり超過した。破堤地点におけるCCTVカメラによる画像によれば、越流初期には溢れた水により堤内地側の堤防の付け根の侵食が進行し、その後、約100mにわたる堤防決壊が生じた。これにより、周辺に甚大な浸水被害が生じた。

現在、新しい堤防位置の検討がなされ、新しい堤防は最大で110m程度宅地側に移し、堤防の断面も拡大して強靱化を図る方向で計画が進んでいる。

第三節　丸森町における豪雨災害

3.1　丸森町の水害とまちづくりの歴史

宮城県丸森町には一級河川阿武隈川および阿武隈川水系の内川、五福谷川、新川が流れている。阿武隈川は流域面積5,390km^2、流路長239kmであり、東北地方では北上川に次ぐ長さの大河川である。また、令和元年台風19号により大きな被災を受けた支川の規模は、内川の流域面積105.8km^2、流路長18.2km、五福谷川の流域面積23.8km^2、流路長2.7km、新川の流域面積16.9km^2、流路長2.1kmである。

丸森町は阿武隈川をはじめ、上記の3支川の他にも多数の川を有し、盆地という地形もあって過去に何度も水害に遭ってきた[15)]。例として、1986年8月5日の台風第10号による豪雨洪水が挙げられる。この際の台風第10号による連続雨量は400mmを超え、町内各地で河川の氾濫や土砂災害、浸水被害が発生し、幹線道路も寸断されるなど非常に大きな被

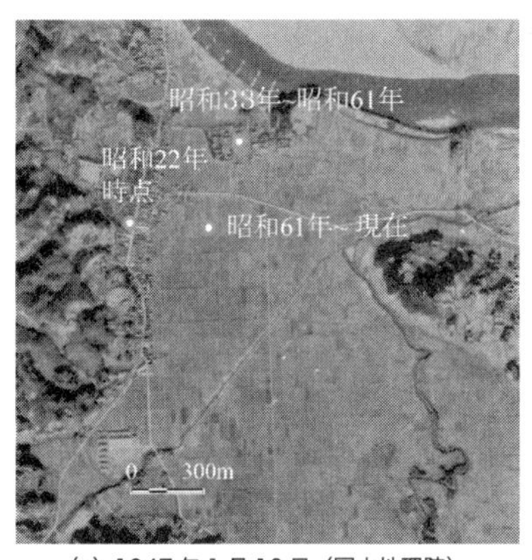

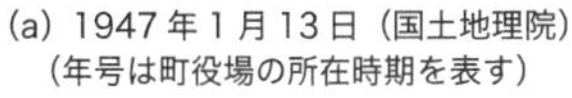
(a) 1947年1月13日（国土地理院）
（年号は町役場の所在時期を表す）

(b) 2019年2月13日（Google Earth）

図－5　丸森町の空中写真と町役場移転の歴史

害を受けた。

図－5には今回被災を受けた町役場位置の変遷を1947年の空中写真に示し、最新のGoogle Earth画像と比較している。図－5(a) によれば、現在の町役場の位置は1947年当時に田畑であり、集落は山地沿いの標高の高い箇所に限定されていることが分かる。このような丸森町の形成の歴史については川内[16] により詳細な調査が実施されている。これによれば、19世紀初頭の丸森町の「町場替」により、町人居住地は微高地に所在、また足軽町移転先は丘陵上もしくは山沿いの地域に所在することとなり、これにより過去の水害に対応した空間編成によって町場が形成され、現在の丸森町の「原型」が作られた。

また、図－5(a) においては、当時の内川は蛇行が顕著である。このころ、洪水発生時には周辺に氾濫が生じ、田畑が遊水機能を有していたと推測される。その後、図－5(b) に見られるように内川の直線化がなされ、新川、五福谷川を含めて堤防の整備が進み、この地域の治水安全度が増した。これにより、町役場、病院などのインフラや住宅などがこの低平地へ進出した。また、令和元年時点で町役場においては1mに及ぶ地盤沈下があったとの報告[17] があり、令和元年台風19号豪雨のような確率規模を超える豪雨に対しては脆弱な箇所であったことが窺われる。

佐藤[18]は津波防災について、防災施設が構築されることにより発生頻度の高い小さなハザードに対して、比較的小さな被害（リスク）はほとんど消滅し、ある程度の長期間、災害を受けずに安定した生活を送ることができるようになった一方で、人々が自然の振る舞い（災害）について主体的に考えることを放棄しがちになったと指摘している。その結果、想定を超える巨大なハザードに対しては、人々の災害に対する脆弱性が高まったために、大きな被害（リスク）を受けてしまう社会構造を生み出してきたと述べている。図－5に見られる町役場位置の変遷から、令和元年の丸森町における洪水災害についても全く同じことが当てはまると言えよう。

3.2　令和元年台風19号による洪水被害

今次の台風第19号の際、町内にある筆甫雨量時観測所で例年の総降水量のうち40%に値する雨量が観測された。筆甫雨量観測所の時間最大雨量は74.5mmで24時間雨量は587.5mmに達した。この時の筆甫雨量観測所降水の再現期間は500年以上である。

丸森町内の被害は令和2年1月7日時点で死者10名、行方不明者1名、ケガ2名である。被害総額は400億円以上になり、町の各所で浸水被害や土砂災害が発生し、1000件以上の住宅が被害を受け、道路も寸断された[19]。

阿武隈川流域においては流路方向に一致する台風の進路であったため、大きな被害につながった。特に、阿武隈川支川の内川、新川、五福谷川において多くの場所で堤防決壊が生じた。

3.3　丸森町における堤防被害の特徴

洪水直後に実施された宮城県による現地調査によれば、丸森町・内川、新川、五福谷川における堤防決壊数は18箇所を数えた[20]。このうち、12箇所は堤内地（住宅地や田畑側）から河川側に溢れることにより決壊が生じた。通常の堤防決壊は、河川側の水（外水）が堤内に溢れる際に生じるが、今回の丸森町の被害ではこのような通常の流れの向きとは逆の、いわゆる「逆越流」による堤防決壊が多くの箇所において見られた。この現象は、詳細な数値シミュレーション[21)]からも確認され、粘り強い堤防構造を考える上で、越流する流れ方向がいずれになるか（堤内地向き、堤外地向き）はきわめて重要な事柄である。

第四節　流域治水への転換

以上に示すような、計画規模の洪水の頻発を受けて、「流域治水」の考え方への転換がなされ、これに基づく洪水対策が各地で検討されている。これは、これまでの集水域と河川区域に加え、氾濫域も含めて一つの河川流域として、①氾濫をできるだけ防ぐ対策、②被害対象を減少させるための対策、③被害の軽減、早期復旧・復興のための対策について、総合的かつ多層的に取り組むこととしている[22)]。また、河川管理者のみならず、あらゆる関係者が協働して対策を実践することに特徴がある。ただし、実際の施策の内容はそれぞれの河川流域の特徴により大きく異なるものである。吉田川が流れる大崎市においては、「水害に強い町づくりプロジェクト」共同研究により、さまざまな検討がなされている[23)]。

一例として、氾濫域に存在する県道の一部をかさ上げすることにより氾濫域をブロック化し、ブロック毎の効率的な排水を実施する点である。これにより、住宅地については床上浸水がおおむね解消され、早期の回復が可能となる。また、この地域の主要産業である農業については、被害が生じるとされる浸水24時間以上になることは避けられないものの、浸水日数が大幅（3日程度）に短縮され、迅速な復旧が可能となる。ちなみに、この3日という数字は、現地において水稲に大きな被害が出ないとされる日数である。

おわりに

古代の四大文明を引き合いに出すまでもなく、人と川のつながりはきわめて古い時代にさかのぼることが出来る。「エジプトはナイルの賜物」

の言葉通り、河川が運ぶ肥沃な土によりエジプト文明の基礎が築かれた。現代においても、カンボジアにはコルマタージュというシステムがある。これは、堤防の不連続部から洪水期の河川水を堤内地に導水して農耕地に栄養分を供給するものである。一方、これまでの我が国の治水方針は、堤防間の洪水時の流れを速やかに海に排出するというものであった。上述の流域治水はこの点できわめて大きな思想の転換であり、気候変動により激烈な降雨に対応するためのものであり、場所によっては堤防から溢れる水の存在を想定する。現代においては溢れた水に栄養分供給を期待するものではないが、人と河川との新たな形でのつきあい方を模索していると言えよう。

参考文献

1）中谷宇吉郎：中谷宇吉郎随筆集、樋口敬二編、岩波書店、1988.

2）須川太一、有働恵子、三村信男、真野　明：海面上昇に伴う全国砂浜侵食量の推定、土木学会論文集 B2（海岸工学）、第 67 巻、第 2 号、p.I_1196-I_1200、2011.

3）森　信人、有吉　望、安田誠宏、間瀬　肇：台風の最大潜在強度にもとづく高潮偏差の長期変動評価、土木学会論文集 B2（海岸工学）、第 72 巻、第 2 号、p.I_1489-I_1494, 2021.

4）藤　皓介、Anawat Suppasri、Kwanchai Pakoksung、宮本　龍、今村文彦、松八重一代、土木学会論文集 B2（海岸工学）、第 77 巻、第 2 号、p.I_1081-I_1086, 2021.

5）Khang, N.D., Kotera, A., Sakamoto, T. and Yokozawa, M.: Sensitivity of salinity intrusion to sea level rise and river flow change in Vietnamese Mekong Delta -impacts on availability of irrigation water for rice cropping, Journal of Agricultural Meteorology, Vol.64, No.3, pp.167-176, 2008.

6）気象庁：大雨や猛暑日など（極端現象）のこれまでの変化 https://www.data.jma.go.jp/cpdinfo/extreme/extreme_p.html 雨の降り方 .

7）土木学会東北支部、地盤工学会東北支部、地すべり学会東北支部、東北大学災害科学国際研究所：2019 年台風 19 号災害に関する東北学術合同調査団調査結果に関する速報会、44 p、2019.

8）田中　仁：鳴瀬川を治める－これまでとこれから－、河川、No.887、pp.2-6、June、2020.

9）ハンター・ラウス、サイモン・インス：水理学史、高橋　裕、鈴木高明訳、鹿島出版会、pp.154-161、1974.

10）国土政策機構：国土を創った土木技術者たち、334 p、鹿島出版会、2005.

11）Tanaka, H. and Tamai, N.: Civil Engineering Heritage Award in Japan, In Water Projects

and Technologies in Asia (Eds: Woo, H., Tanaka, H., De Costa, G. and Lu, J.), pp.99-105, CRC Press, 2023.
12) 「宮城縣品井沼放水路ノ改修」に関するドールン復命書、品井沼排水工事調査意見、宮城県公文書館.
13) 藤田龍之、根本　博：猪苗代湖疎水（安積疎水）に関するファン・ドールンの業績に対する検討、土木史研究、第 11 号、pp.219-228、1991.
14) 故鎌田三之助翁頌徳会：鎌田三之助翁傳・口語文復刻版、230p、2014.
15) 丸森町史編さん委員会 編：丸森町史、国立国会図書館、1316p、1984.
16) 川内淳史：19 世紀初頭丸森町の「町場替」と歴史的空間の変遷、2019.
http://irides.tohoku.ac.jp/media/files/ disaster/typhoon/marumori_machiba_19thcentury.pdf
17) NHK News web：役場が水没し孤立　原因は 1 m もの地盤沈下　宮城 丸森町、2019 年 11 月 5 日.
18) 佐藤　健：第五章　防災（減災・「正しく怖がる」）～自然に対する「畏敬の念」を学び直す～、東北大学教養教育院叢書、大学と教養、第 2 巻、震災からの問い、東北大学出版会、pp.107-129、2018.
19) 丸森町：台風 19 号、丸森町からのお知らせ（災害関連情報まとめ）、2019.
http://www.town.marumori.miyagi.jp/ soumuka/bousai-info/emergency/taifu19_saigaiosirase. html
20) 宮城県土木部河川課：第 3 回令和元年度台風 19 号により被災した河川管理施設等の設計検討会、資料－ 4、2020.
21) 田中　仁、Nguyen Xuan Tinh、岡本祐佳、Kwanchai Pakoksung：2019 令和元年台風第 19 号洪水による宮城県丸森町における堤防決壊に関する研究、土木学会論文集 B1（水工学)、Vol.76、No.1、pp.177-188、2020.
22) 国土交通省水管理・国土保全局：流域治水への転換　～水災害対策における日本の新しい政策～、2020.
https://www.mlit.go.jp/river/kokusai/pdf/pdf22.pdf
23) 大崎市：「大崎市水害に強いまちづくり」共同研究報告書、83p、2022.

第二部

第五章　気候変動と社会の相互作用

柿沼　薫

はじめに　気候変動と社会

皆さんは日本で生活をしていて、以前に比べ「気温が上がっている」という実感はあるでしょうか？ 1999年代、私が小学生だった頃は、夏は暑かったという思い出はありますが、授業に集中できないほど暑いという記憶はありません。さらに、私が通っていた関東地方の公立小学校には冷房はありませんでした。この私の記憶はおそらく当たっていて、文部科学省のデータによると、1998年の公立小中学校における冷房設置率は3.7%となっています。つまり、当時は日本全国ほとんどの学校に冷房がなかったのです。しかし、現在の日本は35度を超える日が多くなっています。例えば、2022年東京都では、35度以上の日が16日間あり、これは観測史上初めての記録でした（気象庁HP)。このような暑い環境では、人の体力や集中力が低下することが指摘されています（Hancock et al. 2007)。実際、35℃以上の教室で、集中して授業を聞くのは相当に難しいでしょう。授業をする教師も集中力の維持が大変だと思います。このような近年の夏の暑さを受けて、公立の小中学校の冷房の設置が急速に進みました。2010年には32.8%、2022年には95.7%の公立小学校で冷房設置されていることがわかっています（文部科学省2022)。約25年の間に、日本全国ほとんどの公立小中学校に冷房が設置されたことになります。これらは、気温上昇によって、私たちの生活が変わった一つの例といえるでしょう。

世界的な平均気温は、1990年以降に約1度上昇したと言われています(IPCC2021)。世界の専門家によって構成される気候変動政府間パネル（IPCC）が、最新の気候変動に関する知見をまとめた報告書を5－7年に一度出版します。この報告書は、各国政府が気候変動対策を策定する際の重要な基礎資料となっています。2021 年に出版された報告書では、現在の気温上昇は人為的活動によるものだと、初めて断定的に記述されました（IPCC2021)。こういった背景の中、気候変動はもはや自然科学だけの話題ではなくなりました。社会、政治や経済と深い関わりを見せるようになっています。たとえば、各国の首脳が「脱炭素社会」というキーワードを重要な局面で発するようになりました。2020 年は COVID-19 により経済的な影響を受けている時期でしたが、アメリカ合衆国やヨーロッパが 2050 年までに脱炭素社会を目指すことに言及しました（European Commission)。日本も 2020 年 10 月、当時の菅義偉首相が、2050 年までに温室効果ガスの排出を実質ゼロにすることを目指すという目標を発表しています。また、世界経済フォーラムでは毎年世界ダボス経済会議を開催していますが、2021 年の世界ダボス経済会議では、COVID-19 の影響を受けオンラインで開催され、まさにパンデミックの最中でした。それにもかかわらず、気候変動とその経済的リスクが最優先課題と位置付けています（World Economic Forum 2021)。個人的な例になりますが、10 年前、私は大学院の学生でしたが、その当時は環境問題や気候変動の課題が、ここまで政治や社会の課題の中心として扱われるとは想像していませんでした。環境の勉強をしても経済成長の役には立たないし、就職活動には不利と言われていました。今では考えられないのではないでしょうか。ここ数年で、気候変動への対策は、社会全体を巻き込む転換点に立ったといえるでしょう。

ではこの 1 度の気温上昇は、私たちの社会へどのような影響を及ぼすのでしょうか。それはまさに今、世界の研究者が検証を進めているところです。影響を評価するためには、気温や降水量の変化といった自然科学的事象だけでなく、私たちの社会の構造を理解する必要があります。本章では、気候変動がもたらす影響評価に関して、主に社会や人口の構成に注目しつつ紹介し、今後求められる研究や課題について触れていきたいと思います。

第一節　気候変動影響の３つのカギ

気候変動というと、気温が上昇し暑くなるイメージが一般的かもしれません。しかし、その影響はそれだけにとどまりません。特に、極端な気象現象の増加は、気候変動による大きな影響として懸念されています(IPCC2021)。極端な気象現象とは、熱波、干ばつ、洪水や集中豪雨を指しています。これら極端な気象現象の強度や頻度の増加が、社会へどのような影響を及ぼすのか、その評価は早急の課題です。興味深いことに、極端な気象現象が社会へ及ぼす影響は、自然現象の強度だけではその大きさが決定しません。例えば、浸水規模が小さな洪水であっても、洪水が起きた地域に人が密集して住んでいたり、人々の洪水への経験が乏しく、また十分な堤防がない場合には、人間社会への影響が大きくなることがあるでしょう。逆に、大きな洪水が起きたとしても、洪水への対策が十分であれば、その影響は小さく抑えられるかもしれません。

このような観点から、IPCCでは、気候変動の影響を決定する要因として、ハザード、曝露、脆弱性の３つに焦点を当てることを提案しています。これら３つの要素を包括的に考慮することで、より総合的な気候変動の影響評価が可能になると考えられます。近年の様々な技術的進歩も手伝い、特にハザードと曝露に関しては急速に研究が進められていると言えるでしょう。「ハザード」は物理的事象を指し、例えば降水量の多さや気温の高さなど、気候変動が引き起こす自然現象の特徴を示します。これらの現象がどれだけ強力であるか、またどの程度の頻度で発生するかがハザードの重要な指標となります。例えば将来の気候変動により、洪水や熱波の強度や頻度がどの程度増加しうるか検証されており、アジアでは大きな規模の洪水の頻度が増加することが指摘されています(Hirabayashi et al. 2013)。さらに、気温の上昇により、ヨーロッパでは熱波がより頻繁かつ強烈になることが予測されています（IPCC2021)。

次に、「曝露」は、ハザードの影響を受ける対象を指し、人口、生物種、経済的・文化的資産が含まれます。地域やコミュニティにおいて、どのような要素が、気候変動の影響を受ける可能性が高いかを特定することが重要です。人口や世帯分布のデータ整備が進んでいることにより、例えば、衛星画像を用いて洪水の浸水域と人口分布を重ねることで、洪水の曝露人数が推定されています（Tellmen et al. 2021）。特に洪水が頻発し、人口も多いアジア地域では、曝露人数が高い傾向にあります。このように、どこで、どの程度の人々が洪水に曝露してきたか、または今後曝露するリスクが高いかを検証することで、災害時の避難計画やリスク管理がより効果的に行われることが期待されます。

最後に、「脆弱性」は、ハザードに対する社会や生態系の耐性や適応能力を示します。例えば、気象災害が頻発する地域では、気象災害に対応した人々の生活様式が確立されていたり、堤防などインフラストラクチャが整備されていることで脆弱性を下げる工夫が見られます。しかし、脆弱性の評価は定量的に行うことが難しい点が特徴的です。社会の気候変動に対する脆弱性には様々な社会・経済的要因が関連することから、ハザードや曝露と比べると評価が難しいと言えます。しかし、地域研究を中心に、たとえば洪水で破壊された堤防を地域住民が自発的に修理したり、仕事を洪水期と平常時で切り替えたりすることが脆弱性を下げていると指摘されています（Yu et al. 2017）。このように、ハザード、曝露、脆弱性の要素が組み合わさることで、気候変動の影響の大きさが左右されると考えられ、これらの要素は重要な影響評価の枠組みといえます。

例えば、熱波の影響は、特にわかりやすいかもしれません。近年の気温上昇により、これまで冷房がなくても生活できた地域において、急激に暑くなることが起きています。2022 年におきたカナダでの熱波は、その一例で、深刻な被害をもたらしました。その夏のカナダでは、40 度を越える日が連続して観察されましたが、通常この地域では 30 度を超えることは少なく、冷房がなくても快適に生活できたそうです。しかし、冷房がない状態で急に 40 度を超える日が続いた場合、その影響は当然とても大きくなると思います。これが例えばシンガポール、または私が住んでいるサウジアラビアの場合、冷房が多くの施設で完備されており、40

度を超える日が続いたとしても、カナダよりはその影響が小さいことが予想されます。先程の枠組みでみると、ハザードは40度という気温にあたり、冷房の有無や人々がどれくらい暑さに慣れた生活をしているかが脆弱性に当たります。サウジアラビアやシンガポールでは熱波に対する脆弱性が低く、カナダでは高かったことから、熱波の影響が非常に大きく現れたと言えるでしょう。カナダだけでなく、暑さへの脆弱性が高い地域はヨーロッパでも多く、冷房が完備されていないケースが多いそうです。オーストリアにある一研究所では、冷房がないため、夏になって気温が30度を越えると自宅勤務が認められるというルールがあるそうです。30度というと、関東地方の夏ではめずらしくないので、もしかしたらこのルールに驚かれる方も多いのではないでしょうか。つまり、ここで重要なのは、30度や40度という気温そのものだけでなく、たとえば平年よりも5－10度高いといった気温の変化が人間にとって大きな影響となる点です。それぞれの地域はそれぞれの気温、降水量、生態系とともに社会が形作られています。社会が初めてまたはまれに経験する気温となると、その影響は大きくなるでしょう。

第二節　気候変動と人口構成

さて、ここでサッカーボールが目の前からあなたのところまで飛んでくることを想像してみてください（図）。あなたはボールをうまく避けられるでしょうか？または、当たったとして、怪我はないでしょうか？それとも、怪我をしてしまうでしょうか？もし、サッカーボールが、健康な若い世代の方にあったたら、怪我をする可能性は低いでしょう。しかし、赤ちゃんまたはお年寄りにあたったら、怪我をする可能性はずっと高くなるはずです。

さきほどの気候変動影響評価の話しに戻ります。ここでいうサッカーボールはハザードに当たると考えられます。もちろん、私達社会は若い世代だけで構成されておらず、赤ちゃんからお年寄りまで様々な年齢層で構成されています。つまり、気候変動の影響というのは、人によって

図　ボールが「誰に」当たるかでその影響は異なる

もそれぞれ、かつ人口の構成によっても応答が異なることが予想されます。これまでの気候変動の影響評価は、とくに全世界を対象とした場合、人口は人口として捉えられることが多く、年齢や性別などが含まれない場合が主でした。つまり、ハザードの曝露人数は計算されていますが、何人の高齢者または子供が影響を受けるのか、または生産年齢人口が影響を受けるのかは十分に検証されていません。それらの違いによって、必要となる対策も異なってくるはずです。例えば、熱中症は、高齢者特に高齢者の単身世帯で起きやすく（Kondo et al. 2012)、暑い気温に曝露する高齢者の人数を推計することが重要になります。同じく、高齢者の避難はしばしば困難を伴うことから、洪水や集中豪雨の影響をどこでどれくらいの高齢者が受けるのかを検証する必要もあるでしょう。多くの生産年齢層が影響を受ける場合は、経済的な影響もあるでしょう。これからの気候変動の影響評価は、人口の構成、社会、教育段階の違いなど、様々な社会的背景を考慮して実施され、より具体的な政策的提案に近づくと思います。

ここで、社会の構成を理解することの重要性として、一つの例をあげたいと思います。極端な気象現象をきっかけに、しばしば人口移動が起ることが知られています。2018年西日本集中豪雨が起き、多くの世帯が浸水被害に遭いました。岡山県の真備町はその中でも特に被害が大きかった地域で、約10%の人口が流出し、数年経過しても減少したままです。一方で、多くの地域で災害直後の人口が一時的に減少しつつも、その後大半の人々が戻ることも指摘されています。Yabe et al.（2020）では、プエルトリコ、フロリダ州、鬼怒川、熊本で起きた、様々な自然災害後の人口移動を携帯のGPS情報を利用して検証しました。その結果、どの地域も災害直後は人口が急激に減少しましたが、その後おおよそ50日以内に、移動した人々の多くは被災地へ戻ったことがわかりました。さきの真備町の事例では携帯電話の位置情報を利用した検証ではないので、単純にこの研究結果とは比較できませんが、極端な気象現象や災害により人口流出が起きた場合に、回復が起こりやすい地域とそうでない地域がある可能性が考えられます。

では、どのような地域社会の特徴があると人口流出が起こるのか、また人口流出から回復しやすいのでしょうか？実は、そこに関してははっきりとした見解がまだないと言っていいでしょう。なぜなら、人口移動とは非常に複雑な現象で、人々の移動の意思決定には、環境だけでなく、人口の構成、教育、政治、経済的要素が関わっているからです（Black et al. 2011）。被災地域における、単身世帯、高齢者世帯そして子育て世帯の割合、教育や雇用機会の有無など、様々な状況が人口流出の起こりやすさに影響するでしょう。例えば、地域の人口構成や経済状況によっては、若年層が他の地域への移住を選択し、高齢化が進むこともあります。これにより、被災地の復興がさらに困難になることも考えられます。極端な気象現象への対策のためには、地域社会の特性を人口構成、政治、経済、そして自然環境といった様々な視点から理解することが重要です。これらを踏まえ、もし災害が起きた場合に、人口流出の可能性が高い地域を特定できたら、対策を立てる上で大いに役に立つでしょう。

さらに、人口が回復する要因が明らかになれば、災害が発生したとしても、回復を促す対策が立案できる可能性があります。例えば雇用の創出、教育機会の確保、住宅やインフラの再建が重要なことはもちろんですが、地域コミュニティのつながりを強化し、情報共有や相互支援を促進することも、人口回復に寄与するかもしれません。集中豪雨のような気象災害が発生し得る地域が、どのような人々で構成されていて、どのような社会的背景を持つのかという点を考慮しつつ、気候変動影響評価を実施することは対策を立てる上で、非常に重要になります。今後の研究が、地域特性や社会要素をより詳細に分析し、社会の多様な特性を踏まえた気候変動対策を明らかにすることが期待されています。

第三節　気候変動と高齢化社会

世界の人口は高齢化が進んでいることが指摘されており、2050年までに世界における高齢者の割合は16%まで増加すると予測されています(United Nation, 2019)。先述のサッカーボールが高齢者と若い人に当たった場合の違いからも想像できる通り、高齢者は気候変動に対して脆弱性であることが指摘されています。例えば、気温の上昇により熱中症のリスクが高まることや、洪水や台風からの避難が困難になること、持病により災害時の健康状態が悪化するリスクなどが挙げられます。このように、一人ひとりの気候変動によるリスクだけでなく、社会全体でみたときに、脆弱な人々が多い場合と少ない場合では、気候変動に対する応答も変わってくるはずです。例えば、メキシコと日本は総人口は約1億2千万人と似ています。しかし、年齢別にみるとその構成は大きく異なっていて、例えば65歳以上の高齢者はメキシコでは約1000万人に対し、日本では約3600万人と3倍以上の開きがあります（World Bank 2020)。単純に高齢者の人数だけを比較しても、それぞれの社会が取るべき気候変動への適応策は異なるだろうと想像できます。気候変動という自然科学的な変化と、高齢化という社会・人口学的な変化の相互作用を検証することは、新しい環境へ社会が適応していくために非常に重要です。気候変動と高齢化社会というトピックは、今後ますます重要になるでしょう。

日本は、世界のなかでも超高齢化社会として知られています。日本全体の人口は減少傾向にあるものの、65歳以上の高齢者人口は29.1%を占めており、増加傾向にあります（総務省統計局、2021年推計）。United Nationによると、65歳以上の割合が14%を超えると高齢社会といわれ、21%を超えると超高齢社会と呼ばれます。65歳以上の割合が14%を超える国は日本の他に、イタリアやドイツがありますが、その割合は21%で、日本は世界的に見て高齢者の割合が非常に多いことがわかります。一方で、今後高齢社会、超高齢社会となる国は今後更に増えるでしょう。人口が14億人と非常に多い中国も2021年時点で65歳以上の高齢者が13%を占めており（World Bank https://data.worldbank.org/indicator/SP.POP.65UP.TO.ZS?locations=CN）、さらに2050年には26%まで上昇するという予測があります（Population Reference Bureau 2020）。いち早く高齢化社会を経験している日本は、気候変動が高齢化社会へ与える影響を検証する上で適しており、ここでの検証が世界の他の国に役立つ可能性があります。

気候変動の高齢者への影響として、特に多くの研究がされているのは熱中症です。熱中症リスクの研究から、高齢者は熱くなると熱中症にかかりやすいことが指摘されています（Kenny et al 2014）。熱中症のデータ、例えば半総数や死亡数に関して、統計的な情報を持っている国は実はあまり多くありません。日本では厚生労働省による人口動態統計を用いることで、熱中症に伴う死亡者数をある程度推定することができます。私は上海大学の学生だったZeng Mingさんとこれらのデータを利用して、高齢者の割合に着目した熱中症の解析を実施しました（Zeng & Kakinuma 2021）。高齢者の割合と気温の上昇から都道府県別の熱中症リスクを評価したところ、四国や東北地方でリスクが高いことがわかりました。これは高齢者の割合が高いことと、気温上昇が重なってリスクを大きくしている可能性があります。興味深いことに、熱中症が最も発生しやすい場所は屋内と言われています。高齢者のみで暮らしていると、冷房のつけ忘れなどから、熱中症を発症しやすいことが考えられます。

特に東北地方のように、これまで夏の気温がそこまで高くない地域で気温が急に上昇すると、高齢者は新しいライフスタイル、たとえば冷房を入れる習慣がないと、なかなかそのタイミングをつかみにくいかもしれません。家庭に冷房が設置されていない可能性もあります。一方で、例えば若い世代と同居していると、冷房の入れ忘れを防げたり、または倒れたときの対応がしやすいというメリットがあるでしょう。つまり、熱中症のリスクを評価するときに、単純に高齢者の人口だけに注目するのではなく、世帯の形態を考慮することも重要だといえます。各地域の気温の変化に加えて、年齢、性別そして世帯分布のトレンドを重ね合わせて、リスクの評価を実施することがこれからも求められるでしょう。このような検証は、高齢化と熱波という問題を抱えている他の国、たとえばイタリア、スペイン、ドイツそして韓国などでも同様に重要になってくるでしょう。

高齢化は各都道府県で一律の速度で進行するわけではありません。とくに、日本では、若年層が地方から都市部へ移動する傾向があるため、地方における高齢者の割合が増加しやすいことが指摘されています (Inoue et al 2021)。2019 年時点で最も高齢化率(65 歳以上人口の割合)が高いのは秋田県の 37.2%で、これに対して東京都は 23.1%でした。将来はさらに高齢化が進むことが予想され、2045 年には秋田県で 50.1%、東京都で 30.7%に達することが見込まれています(内閣府 2022)。つまり、日本全体の高齢化が進むだけでなく、地域間での高齢化の程度の差が広がることが予想されています。また、高齢者人口だけでなく、世帯の形態にも変化が見られます。以前は高齢者夫婦と子ども夫婦が同居する世帯が比較的多かったのですが、子供の世代と別居する世帯が増え、高齢者のみの世帯が増加傾向にあります(内閣府 2022)。高齢者のみの世帯では、熱中症が発生しやすいことを考慮に入れると、このような高齢化の進行と世帯形態の変化により、熱波に対する社会の脆弱性が高まることが予想されます。さらにいうと、熱波だけでなく、洪水や集中豪雨に伴う避難なども、高齢者のみの世帯では比較的困難となることが予想されます。つまり、高齢者のみの世帯の分布を把握した上で、避難がスムーズに進むような対策の立案が必要になるでしょう。気候変動が高齢化社会へ与える影響を検証する際には、単純に人口だけに注目するのではなく、世帯形態も重視する必要があると考えられます。

第四節　気候変動と子供の栄養失調

前節では、日本を例に高齢化社会と気候変動に関して記述しました。一方で、世界へ目を向けると、子供の数が多く、さらに健康面でのリスクに直面している国が多数存在します。本節では、その中でも気候変動が子供へ与える影響、とくに栄養失調（Malnutrition）への影響について詳しく見ていきたいと思います。

子供の栄養失調の改善は、国連の持続可能な開発目標（SDGs）の「2.飢餓をゼロに」にという項目に具体的に掲げられており、国際社会が解決すべき早急の課題の一つです。2019年時点のSDGsの目標では、2030年までにあらゆる形態の栄養失調をなくすことを設定しています。さらに、気候変動による干ばつなどの自然災害の増加は、食糧や水などの供給に影響を及ぼし、結果として子供の栄養状態にも影響することが懸念されています（Cooper et al. 2019）。実は、世界全体で見ると子供の栄養失調状況は2000年以降改善されてきています。具体的な数値を見てみると、2000年時点では世界の5歳以下の子供のうち約30%にあたる2億300万人が発育阻害（Stunting: 年齢に不相応な低身長）とされていました。それが、2020年には約20%（1億4900万人）まで減少しました（WHO、UNICEF & World Bank 2021）。改善傾向は見られるものの、2020年時点で、33カ国では依然として20%以上の子供が発育阻害とされています（WHO、UNICEF & World Bank 2021）。特に、東、西そして中央アフリカや南アジアでは、2020年時点でもなお30%を超える特に非常に高い割合の子供たちが発育阻害の影響を受けています（WHO、UNICEF & World Bank 2021）。一方で、中国を筆頭に東アジアでは顕著な改善が見られています。具体的には、2000年時点では中から高水準（10 − 20%）

の発育阻害率を示していましたが、2020年時点にはその割合が10%以下となり、低水準にまで改善しています（WHO、UNICEF & World Bank 2021）。これらの統計が教えてくれることは、世界全体で子供の発育阻害は改善の傾向にあるとはいえ、その進展度合いは国や地域のより大きく異なっているということです。特に、アフリカや南アジアを中心に、改善があまり進まない国や地域も多く存在し、子供の栄養状態に関しては国間の格差が広がっていると指摘されています（Bell et al. 2021）。このような背景から、子供の栄養状態を評価する際には、世界全体の平均値だけを見ることは過大評価につながりかねないという視点を持ち、各国の状況を注意深くみることことが重要となるでしょう。

さらに、将来の気候変動による干ばつの増加が食糧生産の低下を引き起こし、子供の栄養失調改善を妨げる可能性があると懸念されています（Fanzo et al. 2022; IPCC2022）。子供の栄養失調が深刻な国、例えばアフリカなどでは干ばつが頻発しています。加えて、過去20年間で全世界の耕作地が急速に拡大し、とくにアフリカでその傾向が顕著なことが報告されています（Potavpov et al. 20222）。このような人間活動の拡大は、干ばつに対する土地の脆弱性を高める可能性があると指摘されています（De Boeck et al. 2018）。つまり、気候変動と人間活動の拡大が重なることで、持続的な食糧生産が困難になる可能性があります。気候変動と人口増加の中で、持続的な食糧生産と子供を含めた人びとの健康を両立させていくことは、重要な課題となります。

では、気候変動下で子供の栄養状態を改善するには、どのような対策が必要でしょうか？農業生産量を向上するための技術導入、気候変動に強い作物品種の改良、灌漑用水の効率的な利用など、生産性向上のために、様々な技術が発展しています。また、農地面積の拡大も報告されている一方、限られた面積での収穫量の増加が認められているようです。今後もそういった技術開発が期待されるところですが、同時に食料の分配の仕組みというのも考え直す必要があるでしょう。多くの飢饉は干ばつや食糧生産の減少だけでなく、食糧へのアクセスや分配といった社会的要因も大きく関わることが考えられます。子供の栄養状態が不十分な国でも、食料を輸出するケースが存在します。これは子供の栄養失調の問題が、当該国だけの問題でなく、全世界的な課題であることを示しています。したがって、国際的、国内、さらに地域レベルでの食料分配の見直しを考えることが、今後ますます重要となってくるでしょう。

第五節　水の安全保障とジェンダー

高齢者や子供といった年齢の情報のみならず、性別も気候変動や環境ストレスを評価する上で重要な要素となります。ここでは、特に水の安全保障とジェンダーの関係について注目します。持続可能な開発目標（SDGs）では、2030年までにすべての人が安全な水へアクセスできる（SDG6）ことが目標とされています。しかし、ユニセフによると世界人口の約11%にあたる7億7100万人が安全な水にアクセスできていません。多くの人々が自分で水を汲みに行く必要があり、その役割は多くの場合女性が担っています。水を運ぶことは重労働ですが、水と家事、料理や掃除という作業が密接に結びついているため、女性の仕事とされがちです。水を運ぶのにかかる時間は地域や世帯でばらつきがありますが、一日に平均30分というデータがあります（UNICEF 2019）。ここでみなさんに想像していただきたいのですが、スーパーやコンビニでペットボトル2リットルの水を2本買って運ぶだけでも、重たいと感じませんか？数〜数十リットルの水を持って30分以上歩くのは、相当な重労働であることがわかるかと思います。これが、干ばつになると普段の水源が利用できず、新たな水源を探すためにさらに時間と労力が必要になります（Bukachi et al. 2021）。水を運ぶ作業による時間やエネルギーの消耗は、女性の教育や就労機会のさらなる損失につながる可能性があり、この点が水の安全保障とジェンダー問題との関連性を形成しています。

水の安全保障上の男女間の格差はしばしば指摘されますが、具体的な水ストレスや水へのアクセスと結びつけた定量的な検証はまだ十分には行われていません。このため、どこの地域で水の安全保障における男女間の格差が生じているのかを把握することが難しい状況です。そこで、私たちの研究チームでは、世界全体での水に関する男女格差を、水ストレス、水へのアクセスの観点から定量的に評価することを試みました。具体的には、水ストレスが高い地域と、水道設備が不十分な地域を特定し、このような脆弱な水環境に男性と女性のどちらが多く存在しているか検証しました。その結果、特にアフリカの一部地域では、生産年齢人口の男性が都市部に、女性が地方部に存在する傾向があり、これが水の安全保障上の男女間格差にとって重要なことがわかりました。アフリカでは、男性が雇用の機会を追求して都市部へ移住し、女性が地方部に残ることがしばしば指摘されています（Menashe-Oren and Stecklov 2018）。一般的に都市部では地方部より水道の設備が整っている傾向にあります。そのせいか、私たちの解析結果では、脆弱な水環境の地域に、より多くの女性が存在していることが明らかになりました。もし、干ばつが起きて水ストレスがさらに高くなった場合、多くの女性がさらに時間とエネルギーを水汲みに使う必要が生じ、これが男女間の格差をさらに拡大する可能性があることを示唆しています。このように、男女格差という社会的な課題が水ストレスを通じて加速する可能性があります。

近年ではこのように、水道設備の状況、人の健康状態、さらに教育歴など様々な社会的情報を、世界中を対象に入手することができ、学際的なトピックの検証が可能になっています。男女格差や教育、経済格差といった社会が抱えている課題と気候変動をはじめとした環境問題はつながっていると捉えて、包括的な視点で検証し解決策を立案する必要があるでしょう。

第六節　気候変動における世代間格差

これまで、人口の構成や分布の重要性について掘り下げてきましたが、もう一つ、時間的な人口構成の変化の重要性についても紹介したいと思います。気候変動の課題を議論する上で重要なのが、「時間差」の影響です。二酸化炭素濃度排出量が増加し、気温上昇が起こり社会への影響が生じるのにも時間差があります。これは、過去の世代よりも次世代がより気候変動の影響を受けやすいということになります。たとえば、孫世代（2020 − 2100 年）では、祖父母世代（1960 − 2040 年）よりも、熱波や洪水といった極端な気象現象に一生のうちに遭遇する回数が多いという推計結果がでています（Shiogama et al. 2021; Thiery et al. 2021）。このような気候変動影響における世代間格差が指摘されており、次世代のために気候変動対策が必要であるという主張につながります。一方で、気候変動対策を実施して、その効果を実感するにも時間差があります。これは、気候変動対策をとることの難しさにもつながっていると言えるでしょう。たとえば、高齢者の場合は、現在実施した気候変動対策の恩恵を受けられない可能性が高くなります。この点は、気候変動対策を取る方向へ直ちに社会が動くことを妨げている理由の一つと言えるでしょう。一方で、今対策を取らなければ、将来の世代が大きな影響を受けることがわかっています。こういった世代間の気候変動影響の違いは、目に見えるかたちで影響が出始めています。例えば、アメリカでは若い世代が気候変動対策への訴えを主張するようになり、2022 年の中間選挙では、選挙結果への影響も指摘されました。当初は共和党の圧勝が予想されていましたが、蓋を開けてみると民主党が若者の支持を集め善戦したのです。もちろん、気候変動対策、は多くの若者が民主党を支持した理由の一部にすぎませんが、それでも大きな要因と解釈されているようです。実は、気候変動によって若い世代のメンタルヘルスにも大きな影響を与えているという指摘もあります（Whitlock 2023）。自分の力だけではどうにも避けようのない脅威が迫っていると感じたら、メンタルに大きく影響することは難しくありません。

さて、実はここでも人口の年齢構成が重要になってきます。例えば、アメリカでは 65 歳以上の高齢者の割合は約 16%であり、若者の投票率が上がれば政治的な変化をもたらす可能性は大きいでしょう。しかし、高齢者が多数を占める社会、例えば日本などでは、民主主義の国として気候変動問題をどう解決するか問われているかもしれません。もちろん同世代においても、気候変動問題に対する意見は様々です。さらに、高齢者が多い社会において、気候変動問題の解決が最優先になることもあり得るでしょう。一方で、先に述べたように、気候変動影響の受けやすさや対策の恩恵について世代間格差が存在する場合、人口の年齢構成は社会の気候変動対策に関する意思決定へ大きく影響する可能性があります。高齢化社会と気候変動という2つの問題に直面する社会が、民主主義の中でどのような選択をするのか、我々は重要な岐路に立っているのかもしれません。

将来気温上昇が起こり、それにより干ばつや洪水といった極端な気象現象が増加することが、様々な研究により予測されています。しかし、この予測を基に社会が具体的に対策をとるかどうかは別の問題です。将来の世代を気候変動の影響から守るために、現在から対策を取ることが重要であることは明らかです。では、そのために気候変動影響の研究は具体的な対策へ向けて何を提供できるでしょうか？　その一つは、IPCCの第六次報告書に示されているような様々なシナリオを基に、気候と社会がどのように変化する可能性があるかを示すことです。IPCCの報告書では、異なる温暖化水準や炭素排出量、社会経済的な条件を考慮した「排出シナリオ」が数多く提示されています。例えば、温暖化対策に消極的で脱炭素を実施しない、二酸化炭素排出量が「非常に高い」、「高い」または「中間」の3つのシナリオの場合、世界の平均気温は2100年までに2度より上昇すると予測されています。一方で、効果的な気候変動対策を取り、二酸化炭素排出量が「低い」または「非常に低い」シナリオの場合、2100年までの世界の平均気温上昇は2℃または1.5℃より低くなると予測されており、パリ協定の目標（産業革命前と比較して2℃あるいは1.5℃以内の温暖化）を達成可能です（IPCC2021）。これらのシナリオをもとにすると、現在、社会がどのような選択をするかで、将来の地球環境がどのように変わるかをある程度予測することができます。これらのシナリオに基づく予測を元に、様々な立場の人々を巻き込んで、意思決定をしていく作業が必要だと考えられます。気候変動影響の研究の大切な役割の一つは、対策に必要な情報を提供することで、さまざまな背景を持つ人が一つのテーブルにつき議論するきっかけを与えることだと考えています。対策を取った場合に恩恵を受けられない人々が存在する一方で、対策を取らなければ将来的に大きな影響を受ける人々もいます。このような様々な立場の人々によって社会が構成されている中、社会全体としてどのような対策を取りうるか、多くの人を巻き込んだ議論はますます重要となるでしょう。

おわりに　気候変動の千差万別な影響への対策は実現できるか？

本章では、気候変動の影響を評価する上で、地域社会の特性を理解し、多様な影響が起こり得ることを考慮した上で、対策を立案することの重要性を主張してきました。一方で、気候変動の影響の多様性を踏まえた対策が現実的に可能なのか、という疑問を持つ方もいらっしゃるかもしれません。社会には、年齢だけをとっても多様です。例えば、サッカーボールが飛んできたときの影響を一人ひとり評価し、自治体や政府がその多様性を考慮した対策を取ることができるのでしょうか？確かに、平均的な影響から平均的な対策を取ることが現実には効率的かもしれません。しかし、私は、今この瞬間は難しいとしても、近い将来には多様性に対応した対策が可能になると考えています。現在では、様々な社会に関するデータが、長期かつ広域的さらに高解像度で利用可能になってきました。これにより、千差万別な気候変動影響を評価できるようになりました。本章でも携帯電話のGPS情報を用いた人の移動の解析（Yabe et al. 2020）や、衛星画像を用いた洪水の浸水域と曝露人数の推定（Tellman et al. 2021）を紹介しました。また、夜間の光を衛星画像で観測することで、人間活動を推定し経済的な貧困の推定も行われています（e.g., Jean et al. 2016）。さらに、国際的に実施されている世帯調査のデータベースも急速に整えられており、例えば、栄養失調の子供の割合（Local Burden of Disease Child Growth Failure 2020）、水道設備がない家庭の割合（Deshpande et al. 2020）、教育歴（Graetz et al. 2020）などの情報が、詳細な空間スケールで2000年以降の20年分整備されるようになっています。自然科学の領域でももちろん技術は急速に発展していて、最近では機械学習を用いて、これまで100km四方の空間解像度だった気候の将来予測データが、おおよそ2km四方の解像度で推定できることが報告されました（Oyama et al. 2023）。空間解像度が大幅に向上することで、気候が人々の生活へ与える影響の評価も実施しやすくなります。このような衛星画像やAIといった技術の急速な発展も手伝って、大量のデータの入手および複雑な現象の解析ができるようになっています。私は技術発展の速さにしばしば圧倒されていますが、これらの発展に伴い、気候変動の千差万別な影響は解明されていくだろうと期待しています。さらに、これらのデータや検証に基づいたきめ細かい対策の立案が可能になると希望を持っています。次世代は、気候変動の影響をさらに受けることになるでしょう。一方で、技術の発展に伴いその解決策を迅速に検証することも可能です。またインターネットの発展から、様々な人が繋がり、誰でも意見を発信することができるようになりました。これらは、異なる分野の専門家や市民が繋がり、互いの意見や技術を活用して、効果的な対策を議論することに繋がるのではと思っています。気候変動対策というグローバルかつローカルで複雑な課題に対し、人々は柔軟に解決できると信じています。

引用文献

気象庁
https://www.data.jma.go.jp/obd/stats/etrn/view/rank_s.php?prec_no=44&block_no=47662
文部科学省公立小中学校の空調（冷房）設置率の推移グラフ
https://www.mext.go.jp/content/20220928-mxt_sisetujo-000013462_02.pdf
内閣府（2022）令和4年版高齢社会白書
https://www8.cao.go.jp/kourei/whitepaper/w-2022/zenbun/04pdf_index.html
Adger, W. N., Hughes, T. P., Folke, C., Carpenter, S. R., & Rockström, J.（2005）. Social-ecological resilience to coastal disasters. Science, 309（5737）, 1036-1039.
Bell, W., Lividini, K., & Masters, W. A.（2021）. Global dietary convergence from 1970 to 2010

altered inequality in agriculture, nutrition and health. *Nature Food*, 2 (3), 156-165. https://doi.org/10.1038/s43016-021-00241-9

Black, R., Adger, W. N., Arnell, N. W., Dercon, S., Geddes, A., & Thomas, D. (2011). The effect of environmental change on human migration. *Global Environmental Change*, 21 (SUPPL. 1).
https://doi.org/10.1016/j.gloenvcha.2011.10.001

Bukachi, S. A. et al. Exploring water access in rural Kenya: narratives of social capital, gender inequalities and household water security in Kitui county. *Water International*, doi:10.1080/02508060.2021.1940715.

Cooper, M. W., M. E. Brown, S. Hochrainer-Stigler, G. Pflug, I. McCallum, S. Fritz, J. Silva & A. Zvoleff (2019) Mapping the effects of drought on child stunting. Proc Natl Acad Sci U S A, 116, 17219-17224.

De Boeck, H. J., J. M. G. Bloor, J. Kreyling, J. C. G. Ransijn, I. Nijs, A. Jentsch, M. Zeiter & D. Wardle (2018) Patterns and drivers of biodiversity-stability relationships under climate extremes. Journal of Ecology, 106, 890-902.

Deshpande, A., Miller-Petrie, M. K., Lindstedt, P. A., Baumann, M. M., Johnson, K. B., Blacker, B. F., Abbastabar, H., Abd-Allah, F., Abdelalim, A., Abdollahpour, I., Abegaz, K. H., Abejie, A. N., Abreu, L. G., Abrigo, M. R. M., Abualhasan, A., Accrombessi, M. M. K., Adamu, A. A., Adebayo, O. M., Adedeji, I. A., . . . Reiner, R. C. (2020). Mapping geographical inequalities in access to drinking water and sanitation facilities in low-income and middle-income countries, 2000–17. The Lancet Global Health, 8 (9), e1162-e1185. https://doi.org/10.1016/s2214-109x (20) 30278-3

European Commission, 2050 long-term strategy. Retrieved from
https://ec.europa.eu/clima/policies/strategies/2050_en

Fanzo, J., Rudie, C., Sigman, I., Grinspoon, S., Benton, T. G., Brown, M. E., Covic, N., Fitch, K., Golden, C. D., Grace, D., Hivert, M. F., Huybers, P., Jaacks, L. M., Masters, W. A., Nisbett, N., Richardson, R. A., Singleton, C. R., Webb, P., and Willett, W. C. (2022). Sustainable food systems and nutrition in the 21 (st) century: a report from the 22 (nd) annual Harvard Nutrition Obesity Symposium. American Journal of Clinical Nutrition 115, 18-33.

Graetz, N., Woyczynski, L., Wilson, K. F., Hall, J. B., Abate, K. H., Abd-Allah, F., Adebayo, O. M., Adekanmbi, V., Afshari, M., Ajumobi, O., Akinyemiju, T., Alahdab, F., Al-Aly, Z., Rabanal, J. E. A., Alijanzadeh, M., Alipour, V., Altirkawi, K., Amiresmaili, M., Anber, N. H., . . . Local Burden of Disease Educational Attainment, C. (2020). Mapping disparities in education across low- and middle-income countries. Nature, 577 (7789), 235-238. https://doi.org/10.1038/s41586-019-1872-1

Hancock, P. A., Ross, J. M., & Szalma, J. L. (2007). A meta-analysis of performance response under thermal stressors. Human Factors, 49 (5), 851-877.

Hirabayashi, Y., Mahendran, R., Koirala, S., Konoshima, L., Yamazaki, D., Watanabe, S., Kim, H., & Kanae, S. (2013). Global flood risk under climate change. *Nature Climate Change*, 3 (9), 816–821.

https://doi.org/10.1038/nclimate1911

IPCC, 2021: Summary for Policymakers. In: Climate Change 2021: The Physical Science Basis. Contribution of Working Group I to the Sixth Assessment Report of the Intergovernmental Panel on Climate Change [MassonDelmotte, V., P. Zhai, A. Pirani, S.L. Connors, C. Péan, S. Berger, N. Caud, Y. Chen, L. Goldfarb, M.I. Gomis, M. Huang, K. Leitzell, E. Lonnoy, J.B.R. Matthews, T.K. Maycock, T. Waterfield, O. Yelekçi, R. Yu, and B. Zhou (eds.)]. Cambridge University Press, Cambridg

Jean, N., Burke, M., Xie, M., Davis, W. M., Lobell, D. B., & Ermon, S. (2016). Combining satellite imagery and machine learning to predict poverty. *Science*, 353 (6301), 790-794. https://doi.org/doi:10.1126/science.aaf7894

Kenney, W. L., Craighead, D. H., & Alexander, L. M. (2014). Heat waves, aging, and human cardiovascular health. Medicine and Science in Sports and Exercise, 46 (10) , 1891–1899. https://doi.org/10.1249/MSS.0000000000000325

Kondo, M., Ono, M., Nakazawa, K., Kayaba, M., Minakuchi, E., Sugimoto, K., & Honda, Y. (2013). Population at high-risk of indoor heatstroke: the usage of cooling appliances among urban elderlies in Japan. *Environmental Health and Preventive Medicine*, 18 (3) , 251-257. https://doi.org/10.1007/s12199-012-0313-7

Local Burden of Disease Child Growth Failure, C. (2020). Mapping child growth failure across low- and middle-income countries. *Nature*, 577 (7789), 231-234. https://doi.org/10.1038/s41586-019-1878-8

Menashe-Oren, A. & Stecklov, G. Rural/Urban Population Age and Sex Composition in sub-Saharan Africa 1980–2015. *Population and Development Review* 44, 7-35, doi:https://doi.org/10.1111/padr.12122 (2018).

Oyama, N., Ishizaki, N. N., Koide, S., & Yoshida, H. (2023). Deep generative model super-resolves spatially correlated multiregional climate data. *Scientific Reports*, 13 (1), 5992. https://doi.org/10.1038/s41598-023-32947-0

Population Reference Breau (PBR) Aging and Health in China, Program and Policy Implication, No.39 (2020)

Potapov, P., S. Turubanova, M. C. Hansen, A. Tyukavina, V. Zalles, A. Khan, X.-P. Song, A. Pickens, Q. Shen & J. Cortez (2022) Global maps of cropland extent and change show accelerated cropland expansion in the twenty-first century. Nature Food, 3, 19-28.

Shiogama, H., Fujimori, S., Hasegawa, T., Takahashi, K., Kameyama, Y., & Emori, S. (2021). How many hot days and heavy precipitation days will grandchildren experience that break the records set in their grandparents' lives? *Environmental Research Communications*, 3 (6), 061002.
https://doi.org/10.1088/2515-7620/ac0395

Tellman, B., Sullivan, J. A., Kuhn, C., Kettner, A. J., Doyle, C. S., Brakenridge, G. R., Erickson, T. A., & Slayback, D. A. (2021). Satellite imaging reveals increased proportion of population exposed to floods. *Nature*, 596 (7870), 80–86.
https://doi.org/10.1038/s41586-021-03695-w

Thiery, W., Lange, S., Rogelj, J., Schleussner, C. F., Gudmundsson, L., Seneviratne, S. I.,

Andrijevic, M., Frieler, K., Emanuel, K., Geiger, T., Bresch, D. N., Zhao, F., Willner, S. N., Büchner, M., Volkholz, J., Bauer, N., Chang, J., Ciais, P., Dury, M., … Wada, Y. (2021). Intergenerational inequities in exposure to climate extremes. *In Science* (Vol. 374, Issue 6564, pp. 158-160). American Association for the Advancement of Science.
https://doi.org/10.1126/science.abi7339

UNICEF (United Nations Children's Fund) and WHO (World Health Organization) (2019). Progress on household drinking water, sanitation and hygiene 2000-2017. Special focus on inequalities. New York

United Nations (2019). World Population Ageing 2019, New York.
https://population.un.org/wpp/publications/files/wpp2019_highlights.pdf

Whitlock, J. (2023). Climate change anxiety in young people. *Nature Mental Health*, 1 (5), 297-298.
https://doi.org/10.1038/s44220-023-00059-3

World Economic Forum (2021) The Global Risks Report 2021 16th Edition

World Health Organization, United Nations Children's Fund (UNICEF) & World Bank (2021) Levels and trends in child malnutrition: UNICEF/WHO/The World Bank Group joint child malnutrition estimates: key findings of the 2021 edition. World Health Organization.
https://apps.who.int/iris/handle/10665/341135

Yabe, T., Tsubouchi, K., Fujiwara, N., Sekimoto, Y., & Ukkusuri, S. v. (2020). Understanding post-disaster population recovery patterns. *Journal of the Royal Society Interface*, 17 (163).
https://doi.org/10.1098/rsif.2019.0532

Yu, D. J., Sangwan, N., Sung, K., Chen, X., & Merwade, V. (2017). Incorporating institutions and collective action into a sociohydrological model of flood resilience. *Water Resources Research*, 53 (2), 1336-1353.
https://doi.org/10.1002/2016WR019746

Zeng M. and Kakinuma K. (2021) Heat impacts on an aging society: Spatiotemporal analysis of heatstroke in Japan, American Geophysical Union 2021.
https://agu.confex.com/agu/fm21/meetingapp.cgi/Paper/996252

第六章　水俣病を想起する

森本　浩一

はじめに

2023年3月に亡くなったアーティストの坂本龍一は、すでに病に冒されていた晩年に、映画『MINAMATA－ミナマタ－』（2021年公開）の音楽制作を担当しています。あるインタヴューの中で彼は、「これはぼくが絶対にやるべきだと思いました。経済や産業のためにひとつの地方が犠牲になり、その被害を政府と科学者がグルになって何十年も被害を隠蔽する。これはまさにいま日本の福島や世界中で起こっていることと同じ。水俣が抱えている問題はいまだに解決していない」（https://jbpress.ismedia.jp/articles/-/66545）と語っています。1951年生まれの坂本にとって、水俣は、経済と政治の暗黒部分を象徴する事件として脳裏に焼き付いており、この事件に対して自分が無関心ではいられないという感覚を持っていたようです。この感覚は、おそらく同世代の多くの人が共有しているもので、私もその例外ではありません。

私は坂本より少し年下で、1956年の生まれです。これは水俣病の「公式」発見の年で、胎児性水俣病の患者さんたちは、ほぼ私と同年代です。私が生まれた熊本県八代市は水俣市の北40キロ余りに位置し、水俣と同じ不知火海（八代海）に面した地方都市です。私が水俣病に関心を向けたのは地元の高校生だった頃、いわゆる「水俣病闘争」が激しくなり、第一次の損害賠償訴訟の判決（73年）が出る時期でした。不知火海汚染が私の郷里にとっても他人事ではないことは後になって知るのですが、当時はまだそんな意識はなく、なによりも石牟礼道子の『苦海浄土』によって心を動かされたのです。この作品は、支援運動の中心でもあった作家・詩人の石牟礼道子が、患者たちの置かれた境涯を時に象徴的、時にルポタージュ風に描きあげていった特異な「小説」です。「わが水俣病」という副題を持つ第一部が最初に刊行されたのは1969年で、この作品を通じて多くの日本人が事件の本質について考えるようになり、そのことが当時の反公害運動に思想的な深みを与えることにもなったと思います。

私自身について言えば、その後の学生時代になんどか水俣現地を訪ね、患者支援者と交流する機会を持ち、1979年に仙台で開催された「ユージン・スミス写真展〈水俣〉」の準備と運営に参加したりもしましたが、80年代に入ると徐々に事件への関心を失っていきました。水俣には、長い時間を通じて患者とともに歩み続けている「相思社」のような組織もあり〔遠藤、84以下〕、そうした支援者に対しては深い敬意を抱くところですが、文学を専攻した私にとっての水俣病は、石牟礼道子の世界の一部という位置づけで終わってしまったのです。

ただ、それで済ませていいのかという微かな自問は残り続けました。それで今回『環境と人間』の企画に参加させていただいたのを好機ととらえ、水俣病事件の経緯をあらためて振り返りながら、それが現にいま生きている自分とどんな「関わり」を持ちうるのかを、私なりに考えてみることにしました。私はまったくの素人なので、このエッセイは学術的なものではありませんが、水俣病を知らない若い世代にとってなにがしかの参考になれば幸いです。

第一節　不正義の連鎖（1959年まで）

1.1　公式発見

水俣病の直接加害者は、日本の化学工業の拠点のひとつだったチッソ（1956年当時は新日本窒素肥料）株式会社です。熊本県南部の水俣市に立地するその工場内のアセトアルデヒド製造工程で、触媒として使用される無機水銀が有機化し、毒性の強いメチル水銀が工場廃水を通じて八代海（やつしろかい）に流出します。八代海は熊本県南部の陸地と天草諸島に囲まれた内海で、不知火海（しらぬいかい）とも呼ばれます。この海に流れ出た水銀が魚介類の体内で濃縮され、それを食べた人間や動物に水銀中毒を引き起こしたのです。これが水俣病です。被害者はまず脳や神経を冒され、運動や感覚に障害が現れます。初期の劇症型では、不随意の筋緊張や硬直で身体がゆがみ、狂ったように痙攣を繰り返した果てに死亡する患者が続出します。その姿は現在YouTubeでも目にすることができます。症状は多様で、ちゃんと歩けない、物がつかめない、発話（構音）ができない、視野が狭まるといった症状に加えて、感覚の鈍麻、しびれなどの感覚障害、さらに感情・認知面での異常も起こり、日常生活に支障をきたします。

チッソ附属病院の細川一院長らが「奇病」発生の重大性に気づいて保健所に報告した1956年5月1日が、水俣病の公式発見の日とされます。その後細川らの「奇病対策委員会」が患者多発地区の個別調査をおこない、8月には水俣湾の魚を食べたことが原因であると推定する報告を出します〔富樫、45-6〕。患者は零細な漁業で生計をいとなむ家庭に多く、自分で獲った魚を常食する人たちであり、その地域の猫にも人間同様の症状が見られたからです。直後には県から委託を受けた熊本大学医学部の「研究班」が原因物質の究明をはじめます。その後、病気の発生については、(1) 水俣湾の汚染→ (2) 汚染源としての工場廃水→ (3) 廃水中の有機水銀→ (4) アセトアルデヒド工程中でのメチル水銀の発生、という因果の遡求がおこなわれますが、59年7月に熊大班が有機水銀原因説を公表した後も、チッソは (2) 以降を受け入れません。同じ工程を持つ他社での発生がないこと、工程中で使用する無機水銀が有機化する機序が不明であることなどを理由に、自社が原因物質を出した証拠がないと主張するのです。行政もこの「原因不明」に引きずられ、環境保全と被害者救済の両面において実質的な対策を講じないまま時間を浪費します。結局59年12月、補償ではなく「見舞金」の支払いというかたちで患者たちは和解を強いられ、見せかけの「決着」がはかられるのですが、この3年半におけるチッソの犯罪的な対応と行政の不作為が被害のさらなる拡大を招いたことは明らかでした。この点について、まず振り返っておきます。

1.2　企業による欺瞞

チッソがアセトアルデヒド生産を開始したのは戦前で、排水口のある百間(ひゃっけん)港には長年にわたる廃液の残渣（残りかす）が堆積していきます。これが「1932年から36年間で70～150トンとも言われるメチル水銀化合物を流出させた源」〔政野、11〕です。戦前、国家権力と結んで国外植民地で巨大化したチッソも敗戦で弱体化します。しかし早くも45年には水俣工場での肥料の生産を再開、46年にはアセトアルデヒド工程も再稼働して化学企業として再出発します。チッソの経営陣にとって1950年代は再生を賭けた猪突猛進の時期であり、「その結果が工場内における労災の頻発であり、辺りかまわない環境汚染であった」〔原田、35〕のです。

水俣病事件においては、企業城下町であるがゆえに起きた市民や労働者による被害者への偏見・差別が大きな人道的問題となります。しかし外来者であるチッソ幹部を頂点とし零細漁民を最下層とする身分差別の構造はすでに戦前からあり、それは前近代的な風土の上に性急な殖産興業政策（資本主義化）が押し被さった日本社会の暗黒面そのものでした。創業者の野口遵が「職工を人間として使うな、牛馬と思って使え」と言い放った〔政野、45〕ことに象徴されるように、チッソ内部における労働者に対する人権無視もはなはだしく、危険物質を扱う現場の労働環境の劣悪さにそれが現れます〔有馬、98-99〕。原田正純は、健康調査を通じてチッソ従業員自身の多くが水俣病（有機水銀中毒）を含む化学物質中毒を罹患していたことを明らかにしています。しかも「大部分のものは労働災害補償にも水俣病に関する被害者保障法にも申請していない」〔原田、39〕のです。いびつな忠誠を強いられた「加害者」側の人びとが抱える闇の深さもまた、水俣病の「風景」のひとつです。

さて、公式発見後に湾の魚が原因という推測が広まると、魚が売れなくなります。水俣市漁協はチッソに対して排水の停止か浄化設備の設置を要求しますが、チッソはこれを拒否。しかし当然チッソ自身も懸念は抱いており、58年9月、廃液を八幡プールに迂回させ、新たに水俣川河口から海に流す付け替え措置を秘密裏におこなうのです。ところがこのプールは残渣を沈殿させるだけで、汚染水はそのまま海に出て行きます。河口に位置する新たな排水口の先は広い不知火海であり、これまで以上の広範囲に水銀が拡散することになります。この結果、水俣近隣の葦北郡や天草にも水俣病患者が発生する事態を招き、後に「人体実験」と批判されます。

廃水処理に関しては、漁業補償問題が紛糾化した59年10月、通産省がようやく出した改善指示を受けて、チッソはサイクレーターと呼ばれる排水浄化装置を建設します。しかしこの装置も水銀除去などの機能を持たない目くらましで、汚染への対応を遅らせるだけの結果となります。「サイクレーターとはチッソの欺瞞性を象徴する物件」〔米本、44〕と言われるゆえんです。その後もアセトアルデヒド生産工程は稼働し続け、水銀を用いない製法への移行に伴ってこれが停止されるのは1968年のことです。チッソが原因であることを政府が公式に認める直前まで有毒な水銀の放出が続いたのです。

1.3　行政の不作為

公式発見の翌57年、熊本県は奇病の原因が魚介類にあり、水俣湾での漁獲を禁止する必要があると判断し、8月に厚生省にその可否を照会します。ところが厚生省は漁獲禁止を認めない判定を下します。その理由は「水俣湾内特定地域の魚介類のすべてが有毒化しているという明らかな根拠が認められない」からというものでした。ある学校の給食を食べた児童の中から何人か食中毒が出た時、給食すべてを原因とみなす証拠がないからそのまま食べ続けてよい、と言うようなものです。食品衛生法では、有毒の疑いのあるものの採取や販売は禁止できるにもかかわらず、補償や操業停止につながる漁獲禁止に二の足を踏んだのです。当然ながら、「この問題はのちに国の責任を問う争点になったほか、被害拡大をもたらした一因として強い批判の声が上がる」〔高峯、19〕ことになります。結局、行政による漁獲禁止措置は一度もとられることがありませんでした。チッソが密かに上述の排水路付け替えをおこなったのはその一年後で、このことを翌59年の夏までには県・厚生省も把握します。しかし59年10月に政府が出した指示は、排水の停止ではなく、以前の百間排水口に戻せというものでした。次項で触れる熊大研究班による有機水銀原因説がすでに出た後のことです。

この時期の国の企業寄りの姿勢を物語るものとして、58年12月に制定された「水質保全法」「工場排水規制法」（水質二法）に基づく排出規制をチッソに対しておこなわなかったことが挙げられます。工場廃水による漁業被害が各地で発生したことを受けて、水質保全のための法律が、まさにこの頃成立したのです。59年11月、厚生省の水俣病食中毒特別部会はチッソ有機水銀説を支持する答申を出しますが、時の通産大臣（後に首相）の池田勇人は「有機水銀が工場から流出したとの結論は早計」と発言し、部会は解散します。排出規制をしなかったことは、通産省や経済界による「原因究明遅延作戦」に連動するものであり、こうした政府の姿勢が第二の水俣病の発生を許す一因ともなったのです〔米本、36-8〕。2004年の水俣病関西訴訟の最高裁判決は、1960年以降に水質二法の適用をおこなわなかったことは違法であるとして、国と県の責任を認めています。

1.4　原因物質の特定

病気の解明のためにも、また責任の所在を明らかにするためにも、原因物質の特定は急務でした。この点で熊大医学部研究班が果たした役割は大きなものがあります。この間の経緯については原田正純の名著『水俣病』に詳しく描かれています。58年、研究班はある英国人研究者の示唆を受けて、水俣病の症状や病理（とくに脳組織の破壊）が「ハンター・ラッセル報告」（1954年）に記された水銀中毒に一致することを見出します。これに基づいて翌59年7月22日、水俣病は「ある種の有機水銀」が原因であると発表するのです。

実は、原因究明のための研究はチッソ内部でも続けられていました。細川一らは、熊大発表と同時期、工場内のアセトアルデヒド工程から出た廃水を直接採取して猫に与える実験をはじめ、59年10月には症状の出た猫の解剖所見が熊大説と符合することに気づきます。この「猫400号」実験から、アセトアルデヒド製造工程に水俣病の原因物質としての水銀が含まれることが確認されたわけです。その後もチッソの社内研究は続き、62年には成分分析によって工程廃液中のメチル水銀を特定しています〔有馬、90-91〕が、こうした研究は公表されないままに終わります。1988年に業務上過失致死傷が確定した当時の工場長は、早い時期からアセトアルデヒド工程の廃液を疑っていたと供述しています〔有馬、150〕。チッソは、確証を得た上で原因を隠蔽し、被害拡大防止のための汚染源対策をおこなわなかったのです。この時期には「爆弾説」「アミン説」など、有機水銀説を否定するための奇説が唱えられるのですが、アセトアルデヒド生産にブレーキがかかることを懸念した日本化学工業協会がこうした反論を後押ししていました。隠蔽のための業界をあげての連携プレイです。本人の意図はともかく、権威のある科学者たちが結果的に欺瞞の片棒を担ぐような「研究」になびいていたという事実も、私たちは忘れるべきではありません。

1.5　不正義の教訓

チッソの欺瞞性がもっとも露骨に現れるのは、59年12月末に結ばれた「見舞金契約」です。病気と困窮に追いつめられていた患者家族は、59年11月、不知火海沿岸漁民の補償要求闘争に連なるかたちで、チッソに直接補償を求めるに至ります。しかし会社側はいまだ原因は不明であるとしてこれを拒否。もちろん会社はすでに「猫400号」による実証を知っていました。こうした中、県知事が斡旋（あっせん）に入って結ばれた「契約」が、損害に対する「補償金」ではなく私的な「見舞金」の支払いというかたちになったのは、会社側の意向に沿ったものです。しかも見舞金の額は低く押さえられ、加えて「将来水俣病が工場排水に起因することが決定した場合にも新たな補償要求はしない」という文言が入っていました。1973年の熊本地裁判決で「公序良俗に反する」として破棄された条項です。

企業が責任回避と操業継続のために隠蔽や詐欺的対応をおこなって環境被害を拡大させ、被害者の人権を踏みにじる。こうしたあからさまな不正義も、利益追求を至上命題とする私企業のあり方からすれば、ある意味当然なのかもしれません。今日はどうなのかと考えると、たしかに企業の社会的責任や予防原則といった思想は行き渡るようになりました。しかし私企業の本質に変わりはなく、資本主義の高度化によって、その行動の全容はむしろつかみがたくなっているというのが実態ではないでしょうか。急速な経済のグローバル化とあいまって地球環境の破壊には歯止めがかからず、高度なテクノロジーが個人の思想や行動をコントロールする事態も加速化しています。そこにどんな不正義が潜んでいるかを見通すことすら困難になりつつあるようです。50年代の事件については、時間を経る中で企業や国の責任も明らかにされてきましたが、そうした解明が今後も可能であるとは限りません。「いま何が起きているのか」を同時代に見通すことの重要性と難しさを、水俣病事件は教えていると思います。

確信犯的に不正義を放置した点で責任がより重いのは、むしろ行政の方かもしれません。たしかに想定外の災厄が起きた時、難しい緊急対応の前線に立つのは公務員であり、水俣病の場合にも現場で尽力した職員がいたわけですが、県や国の意思決定には、明らかに「やろうと思えば、法的根拠をもってできたこと」をあえてしなかったというケースがいくつもあります。

工場廃水が汚染源であることは早い時期から推定されており、国が食品衛生法に基づく漁獲禁止や水質法による排出規制をおこない、早期に廃水の成分調査をしていれば、原因の究明も迅速化し、その後の被害の拡大を防ぐことができたでしょう。確かに公権力の行使は慎重でなければならないという大前提はあります。しかし市民の生命や人権に関わる緊急事態において、被害を最小化するための迅速・的確な判断が政治に求められるのは当然です。それをせずに企業に寄り添ったと言わざるをえない対応を繰り返し、公式発見から12年もの間チッソが原因であるとの認定さえおこなわなかったことは、高度経済成長の時代を理由に免責されるものではありません。経済優先の政策から生じるリスクとそれに対する政治の認識の甘さや無責任さは、福島の原発事故によってあらためて露呈されたところです。さらに言えば、性や家族に関する人権法制の遅れ、社会的弱者や外国人に対する差別の頻発など、個人の生に配慮する視点が日本社会には希薄なのではないかと思わせる現実が、いまだに存在しています。水俣病に見られる「棄民」政策の「精神」が、現在の政治文化の底にいまだに残っているとすれば、それは私たち自身が直視しなければならない重いテーマです。

第二節　終わりのない認定問題

2.1 「水俣病闘争」の時代へ

60年代前半、「水俣病は終わった」という空気が醸成される中で、実際には不知火海の水銀汚染は続き、心身の不調を抱える被害者は増え続けます。しかし現地には水俣病を表沙汰にできない空気があり、多くの患者が潜在化してゆくのです。1961年以降、原田正純らの努力で「胎児性水俣病患者」が掘り起こされ、63年にはアセトアルデヒド工程の汚泥から有機水銀が確認されるといった進展がありますが、国は59年で問題は収束したとする立場を変えません。石牟礼道子はこの時期に患者たちとの交流を深め、『苦海浄土』の元となる作品を書きはじめます。

状況を一変させたのが、1965年の第二水俣病（新潟水俣病）の発見でした。これによって「第一」の見直しも始まり、68年9月、熊本水俣病はチッソ水俣工場から出たメチル水銀が原因との政府見解（公式確認）が発表されます。この流れを受けて、患者と支援者はチッソに対して見舞金契約の白紙化と新たな補償の要求をおこなうことになります。しかしこの過程で、国の斡旋（確約書の事前提出）を受けるかどうかで患者互助会は分裂し、拒否した認定患者46名とその家族は、69年6月、企業責任の明確化と損害賠償を求める最初の民事訴訟（第一次訴訟）を熊本地裁に起こします。提訴にあたって原告団長の渡辺栄蔵患者互助会長が

「今日ただいまから、私たちは、国家権力に対して、立ち向かうことになったのでございます」〔米本、84-5〕と発言したことは有名です。

69年の提訴以後、さまざまな動きが展開します。70年には患者・支援者による「一株運動」(第3節を参照) があり、また川本輝夫ら「自主交渉派」はチッソとの直接交渉のために約1年8ヶ月 (71年12月〜73年7月) にわたって東京本社での座り込みを敢行します。各地に「水俣病を告発する会」ができ、多くの市民・学生が支援に加わった「水俣病闘争」とも呼ばれる時期です。

2.2　水俣病とは何か

ところで、「水俣病」という名称を生み出したのは熊本大学の医師たちですが、命名の手続きのようなものがあったわけではありません。地名を含んだ病名の変更を求める水俣市民からの要求は、最近でも繰り返されています〔遠藤、35〕。「しかし「メチル水銀中毒」という呼び名によって〈水俣病〉を表現し尽くすことはできない。「1932年から1968年にかけてチッソ株式会社水俣工場が水俣湾に流した工場廃水により生じたメチル水銀中毒」の上に、情念をも余さず包摂して、〈水俣病〉という物語が紡がれている」〔向井、56〕と、ある研究者が述べるように、この名称は単なる医学的な定義を越えた意味合いを持ち、向き合う者の立場と文脈によってその中身が変わってくるのです。

水俣病事件は、原因究明期を含めてまさに「水俣病とは何か」をめぐる紛争の歴史と言えます。なぜなら、その問いが「誰が水俣病患者なのか」を決める「認定」の問題に直結し、被害の広がりをどのように見積り、補償・救済をどうするのかという、事件の「解決」へ向けた合意形成の成否に関わってくるからです。結果的には、現在でもそうした合意は成立せず、あいまいな「政治解決」が繰り返される中で、厖大な数の潜在患者が放置される状況にあります。その根本の原因は、不知火海沿岸全域の健康被害の実態を精査し、水銀汚染との因果関係を可能な限り明確化するという当然なされるべき調査・研究が、事件発生以来一度もおこなわれてこなかった点にあります。患者の追跡調査についても同様です。何が起きたのか、起きつつあるのかを正確に「見る」努力を怠り(あるいは意識的に避け)、あいまいなまま事を「片付け」ようとしてきた国や県の不作為です。

2.3　認定審査会の偏向

「認定」問題は、59年の見舞金契約に際し、見舞金の対象となる患者を公的な「権威」に基づいて選別するようチッソが要求したことに始まります。これを受けて当時の厚生省が設置した「水俣病患者審査協議会」のかたちが、その後も引き継がれてゆきます。60年代後半、公害が大きく社会問題化し公害対策基本法（67年）も成立する中で、裁判に基づく補償とは別に公的な「救済」の道筋をつけるべきとの議論も起こってきます。69年12月に「公害に係る健康被害の救済に関する特別措置法」(救済法)、さらに74年に「公害健康被害補償法」（公健法）が制定されます。前者は医療支援が目的ですが、後者は一時金など一定の補償給付もおこなうものです。この対象者を決める過程で、「国の制度」としての「水俣病認定制度」の問題が前面に出てくることになります〔富樫、74-5〕。

救済法の施行に伴い、厚生省からの委託で「熊本県公害被害者認定審査会」が69年12月に新たに設置されます。審査会は、原因究明に携わり初期から審査を主導してきた徳臣晴比古熊大医学部教授を中心に構成され、そこでの審査基準は上述の「ハンター・ラッセル症候群」でした。ここに大きな問題が生じます。これは医学的「診断」にもとづく客観的な判定をめざすように見えますが、被害が拡大・多様化している中で初期の病像のみを基準とすることは、水俣病の定義をいちじるしく限局し、中程度から軽度の水銀中毒を排除してしまうことになるからです。しかも、因果関係が疑わしくとも汚染の影響が否定できない場合は救済対象とするというのが救済法（その後の公健法）の趣旨であるにもかかわらず、「医学的」と称する厳格基準による被害者の選別がおこなわれる結果になったのです。認定申請が本人の自己申告に限定されたこと（「申請主義」）も問題でした。行政は、健康調査によって被害者を拾いあげるどころか、地域社会の差別の壁によって申請がためらわれる状況を放置し、診査にあたる医師たちの中にも「金目当て」の詐病を疑うような非人道的対応があったと証言されています。冒頭の坂本龍一が「政府と科学者がグルになって」と言っているのは、認定問題を念頭に置いてのことでしょう。ここに述べたような審査会による「水俣病」の矮小化の実態については、1972 年に水俣病研究会が刊行した『認定制度への挑戦』の中ですでに詳しい分析と批判がなされています。

2.4　71 年通知と 77 年の「判断条件」

73 年 3 月、熊本地裁での第一次訴訟が原告患者勝訴となったことを受け、自主交渉派も合流して補償全体の見直し協議がおこなわれます。7 月の「補償協定書」締結でその後の補償の枠組が決まり、「水俣病闘争の事実上の終焉」〔米本、229〕を迎えたのです。この協定書の中には「協定締結以降認定された患者についても」補償を適用するという条項が入るのですが、実質的に政治力が作用する「認定」の関門が残ることは従来と変わりがありません。

ただ、この間認定をめぐる国の態度にはブレがありました。川本輝夫らが、申請却下に抗議する行政不服審査を請求したことを受けて、71 年 8 月に当時の環境庁は「水俣病認定基準」を明確化する環境事務次官通知なるものを出します。認定は「診断」ではなく医療救済の資格の有無を決めるためのものであることを確認した上で、「患者の症状とメチル水銀排出との因果関係が認められるかぎりは、たとえ症状としては感覚障害しかないというケースであっても、〈水俣病〉の可能性は否定できないわけだから、それを排除してはならない」〔富樫、81〕とする内容を含むものでした。当時の「反公害」の世論を意識したのでしょう。この「疑わしきは認定」（当時の新聞の見出し）という患者有利の新方針は、「診断」の権威を担っていた認定審査会にとっては衝撃的で、委員全員が交替するドタバタ劇を招きます。当然ながら、その後の 73 年地裁勝訴もあって、認定申請が殺到する事態となります。

こうした救済促進の流れが再び逆転するのが 1977 年です。「不作為」と判定された認定の遅れを放置できないと見た環境庁は、基準の見直しを専門家に求め、新たに「判断条件」と呼ばれるものを示します。これは 71 年通知にあった「メチル水銀排出と被害との因果関係の考慮」という観点を削除し、症状による「診断」のみでの認定へと逆戻りさせるものでした。しかも、基礎症状である感覚障害に加えて「他の症状がひとつ以上加わっていなければならない」とする厳しい内容です。この新たな「後天性水俣病の判断条件」が正式採用された結果、滞っていた認定作業は迅速化し、5 千人を越える認定申請のほとんどが「却下」の結論になってゆくのです。

2.5　二度の政治解決

このように 70 年代以降は、認定問題に関する行政の対応が大きな焦点になっていきます。これには、チッソの経営危機が表面化する中で、補償の継続のために国・県の責任を問う必要が出てきたことも関係しています〔富樫、156〕。未認定患者たちは国家賠償責任を争点とする訴訟を各地で起こし、87 年には熊本地裁で水俣病に対する国と県の責任がはじめて認められます。これを受けて被害者側は、認定を経ないかたちでの救済補償（医療費・年金・一時金）を求め、裁判所による和解解決を模索しますが、国の拒否によって頓挫。残された方法として登場したのが、1995 年と 2009 年の二度にわたる「政治解決」です。

1995 年 12 月、当時の村山内閣は、77 年の判断条件には手をつけず、国・県の国家賠償責任も問わないまま未認定患者を救済する内容の閣議決定をおこないます。「水俣病総合対策医療事業」の実施と一時金の支払いが主な内容で、すでに支払い能力を欠くチッソの負担は国が担保するというかたちでした。この「解決策」の対象者は 1 万人を超えます。公式の「認定」の蛇口は締めたまま、「未認定」患者に対する一定限度までの救済（補償ではなく）を実行するやり方は、あいまいなまま事を「片付け」ようとするいつもの政治手法であるとも言えます。

2004年、国家賠償訴訟としては唯一残っていた関西訴訟の最高裁判決が出ます。その内容は水俣病に対する国・県の責任を認め、認定における「判断条件」の緩和を求めるものでした。71年通知を踏襲し、感覚障害だけでも因果関係が推定できれば救済の対象になるとしたため、認定を求める申請者は再び大幅に増えます。これは、症状を抱えつつ申請を断念していた被害者がいかに多くいたかを物語っています。

この事態を受けて、2009年7月、「水俣病被害者の救済及び水俣病問題の解決に関する特別措置法（特措法）」が成立。今回は立法措置による救済ですが、中身は95年とほぼ変わらず、むしろこの法律の目的は、チッソを事業継続会社（現在のJNC）と負債処理に当たる旧会社に分社化して再建する「チッソ救済」の推進にあったと言われます〔富樫、190〕。この特措法での救済申請も期限付きのものでしたが、申請は6万4836人、判定の結果一時金等の対象となったものは3万2249人にのぼります（21年版『環境白書』による）。

95年、09年の政治解決における対象者の増加は、「未認定患者」「潜在患者」が空間的・時間的にいかに大きな広がりを持っているかを示しています。「昭和52年判断条件という水俣病行政の根幹が維持される限り新たに認定申請をする人びとが認定される可能性は低く、将来、第三の政治解決が行われる可能性もある。この繰り返しが続く限り水俣病問題は終わらない。より正確に言えば、終われない」〔野澤、35〕というのが現状なのです。胎児性・小児性の患者については病像に基づく定義さえあいまいで、被害の広がりが見落とされている可能性が指摘されます〔野澤、38-9〕。重要なのは、汚染の実態を詳しく調査して病像と被害範囲の解明を進めることであり、特措法自体の中に「不知火海沿岸の健康調査」の実施が予告されているのですが、この「健康調査」は、「調査手法を開発中」であるとの理由で現在もおこなわれていません〔高峰、55〕。

2013年の最高裁判決（溝口訴訟）も、認定は「診断」ではなく救済のための行政処分であり、原則的に水銀と発症の因果関係調査が必要だと指摘しています〔富樫、85-6〕。ところが国は、判決は「判断条件」を否定するものではないと解釈する「新通知」を出し、事態の改善に動こうとはしないのです。なお2021年10月現在、公健法に基づく「認定」を受けた者は、熊本・鹿児島・新潟各県あわせて2999人、うち生存者は397人にすぎません（水俣病情報センターのサイトによる）。

結局、国は場当たり的な政治的救済でお茶を濁し、被害は20万人に及ぶとも言われる汚染実態の全容解明から逃げています。そのために認定却下を不服とする裁判が延々と続く不条理な状況は、胡乱な政治を容認し続けている私たち国民の不作為をも問題にしているようです。

この原稿を作成中の2023年9月27日、2009年の特措法で救済認定されなかった未認定患者が国に損害賠償を求めた訴訟の判決が大阪地裁で言い渡されました。判決は原告勝訴でした。裁判所は、被害発生の地域やそこでの居住歴について特措法が設けた「線引き」の妥当性を問題視し、前者に関しては、水俣湾周辺の領域を越えてより広範囲に被害者が存在することを認めています。その後、国は控訴して争う姿勢を示しましたが、その理由は、判決が1977年判断条件の認定の枠組を崩しかねないという点でした（毎日新聞、2023年10月11日紙面による）。国による「政治解決」とは、旧時代の判断条件によって水俣病像を矮小化しつづけ、より客観的な知見にもとづく全容解明を阻止するためのものであることが、この姿勢のうちに露呈しています。

第三節　被害者の「声」を聴くこと

3.1　個としての被害者

補償・救済を巡る紛争が前面に出てくる中で、ともすれば忘れられてしまいがちなのは、被害を受けた患者個々の存在です。「水俣病患者と一口にいうけれども〔……〕、それぞれ固有の水俣病があり、人生がある」という緒方正人の言葉は重く響きます。彼は「さまざまな仕組みや制度」による問題解決がはかられる中で、「人間として」生きる「個」が覆い隠されてきたと批判しています〔緒方、64-6〕。

「認定」の敷居をはさんで水俣病には、認定患者と未認定の被害者という二つの集団があるように見えますが、制度的な意味づけはどうあれ、さまざまな程度において苦難を強いられた、また強いられ続けているひとりひとりの人間がいるというのが端的な事実です。「被害」は常に個々人の上にふりかかってきます。劇症型が多かった初期において、親族の死や自分自身の障害、生活基盤の喪失、さらに地域社会での差別に直面した人びとの負ったダメージが、かりに認定による金銭や医療補償を手にしたとしても、帳消しになるはずがないのは明らかです。そのつど自らがおかれた状況の中で日常を生きのびていかなくてはならない。それはどんな人間にとっても避け難いことですが、理不尽な「受難」を負わされてしまった被害者の特異な現実は、傍観者である私たちの心を揺り動かし不安にさせるに十分なものがあります。

もちろん障害を負った患者個々の生存を支えるための公的支援、さらに社会への参加・復帰を促すための施策も、事件の歴史の中で大きな課題としてとりあげられてきました。それ自体「仕組みや制度」として獲得しなければならない側面があり、患者支援運動における重要なテーマでもあったわけです。2004年の関西訴訟判決以後には、一般の福祉事業と連動した患者への生活支援が強化されていますが、補償と福祉の線引きをめぐる難しさがあるとも指摘されます〔野澤、120以下〕。いずれにしても、「被害」を公共の問題と受けとめ、被害者が人間としての尊厳を維持しつつ生きてゆける環境が整えられるよう政治や社会のあり方を注視してゆくことが、私たちに求められていると言えます。

さて、社会的視点からこうした問題に立ち入る準備は私にはないので、ここでは、最近目にとまった若手哲学者の議論を参考に、個としての被害者と私たちが「関わる」筋道について、最後に考えてみたいと思います。

3.2　一株運動における〈表現〉

水俣病闘争の時代、ある支援弁護士の発案で「一株運動」と呼ばれるイベントが企てられました。患者・支援者がチッソの一株株主となって 70 年 11 月に大阪で開催された株主総会に乗り込み、チッソ経営陣と直接対峙した事件です。その時の様子は、土本典昭監督の映像作品『水俣　患者さんとその世界』(1971) でも見ることができます。水俣病事件を研究する小松原織香は、これを「〈被害者の情念〉を被害者・加害者の直接対話の中で、〈被害者の表現〉に転化する試みである」〔小松原 a、75〕ととらえています。すでに動き出した裁判闘争の中では伝えきれない被害者の思いを直接「現われ」させるイベントであり、小松原は、法的正義を補完する「修復的正義」をめざすモデル・ケースとしてこれに着目します。

一株運動は実質的に何の成果も生まない企てでしたから、これを冷ややかに見る支援者もいたのです。しかし、総会参加に至るまでの日常の様子を『苦海浄土』第 2 部で読むと、これが一種の祝祭的・演劇的なパフォーマンスであり、それを自分たちで作りあげ演じること、世間に対してそれを見せることそのものに深い意義があったのだということがわかります。小松原は情念から表現への「転化は、客観的に観測されるものではなく、主観的に感知されるもの」〔小松原 a、89〕であり、「表現は何かのために行われるのではなく、それ自体が必要であるから行われる」〔同、74〕と述べています。

この「主観性」が重要であることは、今日では広く認識されていると思います。深い心の傷や「生の基盤」を失った絶望は、制度的・手続き的な解決で容易に癒えるものではありません。これとどう向き合うのかという問いは、人種・性・障害などで理不尽な差別を受けた者や、犯罪・戦争・災害の被害者たちが共通して抱える実存的なテーマであるからです。

3.3　聴くこと

〈被害者の表現〉とは、被害者一人ひとりが現にどう生きているのか、そのあり様が外にあらわになる、見えるようになることです。そこに「客観的」な「成果があるとすれば、〈被害者の表現〉が周囲の人びとへ伝播し、心を揺り動かしたこと」〔小松原 a、114〕がそれなのです。たしかに

『苦海浄土』は、患者たちを代弁して彼ら個々の存在を非当時者に見えさせる〈表現〉であったと言えるでしょう。高校生だった私自身が、小松原が言う「伝播」を経験したのだと思います。

小松原は別の論文の中で、水俣で現在試みられている朗読活動をとりあげ、その意義についても考察しています。この朗読は、患者や石牟礼のテキストを支援者が読むだけのものですが、そこで重要なのは「〈他者の言葉〉として受けとること」であって、「水俣病患者に共感したり、同情したりすること」ではない、またそれは「「情報を得ること」「考えること」「議論すること」などの言語を使った知的活動ではない」〔小松原b、113頁〕と彼女は述べています。

ここは重要なポイントです。緒方が「「患者」や「被害者」という言葉の中に」〔緒方、65〕人間が隠されてしまったと言うように、私たちは、いやおうなく「世間」が作り出した平均的な理解（知識）に基づく「表象」に捉われ、現に存在する個別の人間を忘れてしまいがちです。小松原があえて「知的活動ではない」と強調する意味は、こうした表象への還元を抑止し、具体的な一人ひとりの人間（他者）が彼ら自身の方から「現われ」てくる、その姿を直接的に受け入れるということです。政治学者の齋藤純一も同様の議論の中で、他者の「現われ」を受けとめるための「聴くこと」の意義に言及し、当事者自身が抱く「主観的な不正義の感覚」を聴きとるために、特に「身体化された苦難に表現の糸口を与え」ることが重要であると述べています〔齋藤、97-8〕。

3.4　身の廻りの世界としての「環境」

こうした実存的共感とでも呼ぶべきものを通じて、私たちは、社会が誰かの上に生み出す苦痛や不正を、自分自身の問題として受けとめることができるはずです。

石牟礼の作品を読むと、被害者漁民たちが暮らしていたのは、アニミズム的とも言うべき「生命世界との繋がり」を持つ「神話的世界」〔小松原b、114〕であり、その破壊こそがチッソの罪であるように書かれています。水俣病闘争のスローガンとして資本主義的な「近代」への抗議が掲げられる〔米本、81〕のもそのためです。しかし私はこれを額面どおりに受けとる必要はないと考えます。石牟礼の〈表現〉は、人はまずもって自らの直接的な日常を、つまり「身の廻りの世界」を、物や他者と関わりながらそれぞれ固有の仕方で生きていることを、私たちに思い出させるのです。そしてこのこと自体は、いわば実存的な真実であり、私たちが、時間や状況を越えて患者と共感しうる普遍的な土台です。

日常性とは、人間が人間として常に現にそこで生きている現場です。私たちは、たまたまある特定の時代と場所に生まれ、そこを支配する平均的な生活様態の中に埋もれて暮らしてゆかざるをえません。緒方正人の「すでに私たちも「もう一人のチッソ」なの」だ〔緒方、54〕という言葉は、そのことを言っています。重要なことは、自分が現にすでに置かれてしまっているその日常の中から、そこで働いている「仕組みや制度」を相対化する思考の切り返しができるかどうかです。苦痛や不正を強いられる被害者の「私」が発する声（表現）を引きとり、相手を自分と同じひとりの人間として遇することは、そのための重要な一歩だと言えるでしょう。

ドイツ語で「環境」を意味するUmweltは、個人をとり巻く身の廻りの世界というのが原義です。私たちにとって、人間がもたらす自然環境の変化とその社会的影響について、知識を通じて正確に「見る」こと、表象することは、まず重要な課題です。しかしそれに加えて、環境とは単に客観的な「外」の事象ではなく、私たち個々の生を構成する「身の廻りの世界」であることを主観的に感じとらなくてはなりません。水俣病患者の声を「聴く」という経験は、そうした意味で、私たちに環境とは何かを考えさせる範例的な機会を提供していると思います。

水俣の場合、上で述べたような「声」を媒介にした相互理解が、とりわけ当事者に近い場所で困難であったことは悲劇です。1994年5月、吉井正澄は、水俣市長としてはじめて水俣病健康被害についての責任を認めて患者に謝罪します。90年代には、市民と患者をつなぎ直すための活動やイベントも試みられました（「もやい直し」）。しかし、こうした流れも順調に継承されたわけではないようです。他方で、時間の経過によって人の入れ替わりが起こり、見える風景も変わってゆくというのが、あらゆる出来事がたどる必然です。長く相思社の活動を支えてきた遠藤邦夫は、「被害－加害の二項対立で考える時代を越えて、水俣病事件を媒介として個人、地域、社会、コミュニケーションを考えるようになった時代」〔遠藤、202〕における新たな関わり方を模索しています。事件の記憶を普遍的な思考につないでゆくことは、遠い場所に居る私たちにとっての課題でもあると言えます。

おわりに

以下は、石牟礼が1998年のイギリス哲学会でおこなった特別講演「波と樹の語ること」の一節です。

> 水俣病で何が辛かったかと言えば、人間との絆が切れたのが一番辛かった。制度化された人間、近代の制度の中に組み入れられてしまった人間たちに会うのが絶望のもとだった。患者さんたちが会われたいろいろなシステムの中の人たちですけれど、言葉を交わしても、ちっとも話した気持ちにならないで、やっぱり自分たちの言葉を取り戻し、それぞれの魂の物語を取り戻す、そういうことでしか、水俣病になったということを癒やされるということはない。長い間、人を恨んでばかりいるのはじつに辛いことだから、もう、どっちみち自分たちは水俣病を抱えていくんだけれども、加害者やその同調者にわかってもらおうと思って来たのも出来ない相談だった。よし全部もう、自分たちで担い直そうと思う。担い直すことで、今まで接触のあった、敵と思っていた人たちも、あの人たちもそういう立場しかとれなかったわけだろうと、受難に遭ってみて初めて人間のことがようく分った。人間のことが分かったのは受難を背負った自分たちが先である。であれば許しましょうと言い始めて

> おられまして。許しましょうと言ったって、水俣病全部、誰も責任背負ってくれる訳でもない。ならば、その責任も含めて、全部、この私たちが抱きとります、というふうなことを、あのアコウの樹の下に集まってこられておっしゃいます。
>
> (『石牟礼道子全集』第15巻、藤原書店、2012年、541-2頁)

ここでも「言葉」つまり〈表現〉について語られているのが印象的です。98年と言えば、95年の政治解決がなされた後で、未認定患者の薄く広い救済が始まった時期です。しかしそうした「制度」的決着によってはすくいとれない、石牟礼の言葉を使えば「受難」の問題が、結局解決されないままに残されていることがわかります。ここで加害者を許し、受難の責任も含めて自分たちが「抱きとる」という決意を語っている「アコウの樹の下に集まって」くる人々とは、石牟礼や緒方が主宰する「本願の会」(1995年結成)に集う被害者たちですが、その決意の背後にある絶望は、私たち第三者には想像しがたい深淵をはらんでいます。これは「諦め」の表明であると同時に、受難者の「言葉」を聴く耳を失った私たちに対する強い批判のようにも思えます。

私はこの文章を、発表直後にたまたま目にして深い衝撃を受けました。私自身、水俣病事件は損害賠償と企業･国の責任追及という政治的次元の問題としてしか考えておらず、その点では、自分もまた「制度の中に組み入れられてしまった人間」であると思い知らされたからです。第三者である私たちに求められているのは、ただ単に現実主義的な判断力を身につけることではなく、〈被害者の表現〉に向き合い、人間の上に起きている受難の「現れ」から目をそむけず、それが自らの問題でもあることを了解することです。それは誰にでもできることであると同時に、とても難しいことだとも言えます。しかし、気候変動による「身の廻りの世界」への脅威が確実に近づくいま、かつての受難者の声を、まさに自らの実存への直接的な呼びかけとして聴きとることができるかどうか、私たちの姿勢が問われているように思います。

【参考文献】

本文中で参照指示する際は、著者の姓とページ数を〔　〕で記載しています。

・有馬澄雄「チッソ社内研究と細川一」、水俣病研究会編『〈水俣病〉事件の発生・拡大は防止できた』、弦書房、2022 年、3-156 頁。
・遠藤邦夫『水俣病事件を旅する』、国書刊行会、2021 年。
・緒方正人『チッソは私であった　水俣病の思想』、河出文庫、2020 年。
・小松原織香「〈被害者の情念〉から〈被害者の表現〉へ——水俣病「一株運動」（1970 年）における被害者･加害者対話を検討する」、『現代生命哲学研究』8（2019）、57-129 頁。＊〔小松原 a〕で引用
・小松原織香「〈キツネに騙される力〉を取り戻す——水俣病を通した環境教育の可能性」、同上誌 10（2021）、96-118 頁。＊〔小松原 b〕で引用
・齋藤純一『政治と複数性』、岩波書店、2008 年。
・ユージン･スミス、アイリーン･スミス『MINAMATA』新版、クレヴィス、2021 年。
・政野澄子『四大公害病』、中公新書、2012 年。
・高峰武編『8 のテーマで読む水俣病』、弦書房、2018 年。
・土本典昭監督『水俣　患者さんとその世界〈完全版〉』、1971 年（DVD）。
・富樫貞夫『〈水俣病〉事件の 61 年』、弦書房、2017 年。
・野澤淳史『胎児性水俣病患者たちはどう生きていくか』、世織書房、2020 年。
・原田正純『水俣病』、岩波新書、1972 年。
・原田正純『金と水銀　私の水俣学ノート』、講談社、2002 年。＊〔原田〕で引用
・水俣病研究会『認定制度への挑戦』、水俣病を告発する会、1972 年。
・水俣病センター相思社『資料から学ぶ水俣病　前編』、相思社、2016 年。同『後編』、2017 年。
・水俣病センター相思社『図解水俣病　水俣病歴史考証館展示図録』、相思社、2021 年。
・向井良人「「工場廃水に起因するメチル水銀中毒」を名付ける行為についての試論」、水俣病研究会編『日本におけるメチル水銀中毒事件研究 2020』、弦書房、2020 年、9-89 頁。
・米本浩二『水俣病闘争史』、河出書房新社、2022 年。

※『苦海浄土』に関して

現在、石牟礼道子全集の第 2･3 巻（ともに 2004 年刊、藤原書店）に収められている『苦海浄土』は、第 1 部「苦海浄土」、第 2 部「神々の村」、第 3 部「天の魚」からなる長大な三部作です。第 1 部の底本は 72 年刊の講談社文庫版で、私が手にしたのはこの本でした。第 2 部は、70 年代から 80 年代にかけて書き継がれ、全集第 2 巻ではじめて完全なかたちで刊行されました。第 3 部は先だって 1980 年に講談社文庫で出ており、全集版の底本もこれですが、大幅な改稿が施されています。〈表現〉としての彫琢に長い時間を要したことがわかります。第 2 部･第 3 部は 70 年から 73 年にかけて起きた患者とチッソとの直接対峙をメインに描いており、事件史の資料として読むこともできます。

第七章　SDGsとアポカリプス
——ヤヌスの二つの視線

尾崎　彰宏

もし、成功したすべての種がみずからの絶滅に向かう運命にあるとすれば、気候変動は、ホモ・サピエンスがその目標を達成する手段として有望な選択肢になりうる

——チャールズ・C・マン『魔術師と予言者』(p. 457)

「怖れ」は「希望」のはじまり

昨年、TBSで放送された『日本沈没——希望のひと——』というドラマをご覧になった方も多いかもしれません。『日本沈没』は、小松左京のSF小説（1973年）で、後に映画にもなりましたが、たいへん人気を博しました。物語は、大地震や火山の噴火によって日本列島が海中に沈没するというものです。リメイク版も同様に、大地震が引き金となって、日本列島が次々と沈没していくというストーリーになっています。しかし、リメイク版では、大地震を引き起こす直接的な原因は、9000メートルの海底岩盤の隙間に存在する新しいエネルギー源の採掘であり、二酸化炭素削減を目的としていました。なんとかして大気中への二酸化炭素の放出量を削減し、地球温暖化を避けようとする起死回生の一手として見いだされたのが、海底に埋蔵されていた物質というわけです。しかし、その採掘によって海底プレートのバランスが崩れ、日本沈没を引き起こすことになりました。これはなんとも皮肉な結末です。ここで私が注意を向けたいのは、この皮肉な逆説そのものではなく、二酸化炭素削減の根本にあるのが、経済の発展を阻害しない形でなければ、あらゆる温暖化対策はまったく前進できないという現実でした。ドラマを見ながら、経済発展を前提とした開発目標を策定することで、現実の問題に対処でき

るのだろうかという不安が心の中に広がっていきました。

ドラマでは、日本列島のうち北海道と九州が沈没を免れ、そこから新しい日本の再生を目指すという「希望」によって幕を閉じています。国土の一部分でも沈没を免れたことは、日本が存続するという意味で希望ではあるでしょうが、いささか違和感がぬぐえません。産業発展を前提とする「持続可能性」を追究するというところは、はたしてそれでよいのかどうか、もっと違った道があるのではないか、という疑問がわいてきます。それはどのような道なのでしょうか？

みなさんは、SDGs（持続可能な開発のための2030アジェンダ）という言葉と「アポカリプス」という言葉が並置されているのをご覧になって、少し戸惑われたかもしれません。これまで私の知る限りでは、SDGsとアポカリプスを関連づけて論じられたことはありませんでした。しかし、SDGsが含む射程は、それが警鐘を鳴らす現代社会の危機を宗教的な課題として取り組めば、なんらかの解決にいたるといった趣旨でもありません。SDGsを社会科学や自然科学の問題に特化する形で取り上げられるだけでは充分ではなく、宗教や思想、あるいは芸術、歴史をも含めた大きな枠組みの中で取り上げなくてはならない課題だと言いたいのです。

2015年、国連において加盟国の全会一致で採択されたSDGsは、画期的な取り組みといえます。SDGsは、2030年までに達成することを目指した17の目標「ゴール」が掲げられ、その下に169のターゲットが定められました。掲げられた17のゴールは以下の通りです。いちおう確認しておきましょう。

1. あらゆる場所で、あらゆる形態の貧困を終わらせる。2. 飢饉を終わらせ、食糧の安全確保と栄養状態の改善を実現し、福祉を推進する。3. あらゆる年齢のすべての人びとの健康的な生活を確実にし、福祉を増進する。4. すべての人々に、だれもが受け入れられる公平で質の高い教育を提供し、生涯学習の機会を促進する。5. ジェンダー平等を達成し、すべての女性・少女のエンパワーメントを行う。6. すべての人びとが水と衛生施設を利用できるようにし、持続可能な水・衛生管理を確実にする。7. すべての人々が、手頃な価格で信頼性の高い持続可能で現代的なエネルギーを利用できるようにする。8. すべての人々にとって、持続的でだれも排除しない持続可能な経済成長、完全かつ生産的な雇用、働きがいのある人間らしい仕事を促進する。9. レジリエントなインフラを構築し、だれもが参画できる持続可能な産業化を促進し、イノベーションを推進する。10. 国内および各国間の不平等などを減らす。11. 都市や人間の居住地をだれも排除せず安全かつレジリエントで持続可能にする。12. 持続可能な消費・生産形態を確実にする。13. 気候変動とその影響に立ち向かうため、緊急対策を実施する。14. 持続可能な開発のために、海洋や海洋貿易を保全し持続可能な形で利用する。15. 陸の生態系を保護・回復するとともに持続可能な利用を推進し、持続可能な森林管理を行い、砂漠化を食い止め、土地劣化を阻止・回復し、生物多様性の損失を止める。16. 持続可能な開発のための平和でだれをも受け入れる社会を促進し、すべての人々が司法を利用できるようにし、あらゆるレベルにおいて効果的で説明責任がありだれも排除しない仕組みを構築する。17. 実施手段を強化し、「持続可能な開発のためのグローバル・パートナーシップ」を活性化する。

この17の目標の中でも、私たちの活動の基盤をなす地球環境と直結する温暖化問題がとくに喫緊の課題となっています。ここで焦点をあてるのもこの地球温暖化の問題です。この課題にアプローチするために、「SDGs」と対置させたのが、「アポカリプス」です。よく知られているようにアポカリプスとは、「黙示録」のことであり、具体的には新約聖書の最後にある「ヨハネの黙示録」を指します。これはキリストが天使を介してヨハネに伝えた「世界の終末」のシナリオです。その中では、人類は罪の報いを受けて滅びへと至ります。15世紀末のドイツの芸術家アルブレヒト・デューラーによる版画（図1、2）がアポカリプスの代表的なイメージとして知られています。

私がアポカリプスとSDGsを関連づけた理由は、両者は異なる基盤を

図1　アルブレヒト・デューラー
《黙示録の四騎士》
木版画　1497～98年

図2　アルブレヒト・デューラー
《書物をむさぼり食う聖ヨハネ》
木版画　1497～98年

持っているものの、ともに「人類の滅亡」にかかわるという共通点を持っているからです。ただし、両者の共通点は人類の滅亡にかかわるだけではなく、アポカリプスにおいて人類が罪の報いである一方で、救済も与えられる可能性がある点にあります。そのため、アポカリプスには「怖れ」だけでなく、「希望」も含まれると言えます。
このエッセイでは今やさしせまった課題となっている温暖化対策について次のような手順で話を進めます。

1　SDGsはライフスタイルの転換点
2　SDGsと世界観の大転換
3　SDGsと未来の人類との連帯

第一節　SDGsはライフスタイルの転換点

SDGsの目標をみるかぎりそれ自体は、きわめてシステマテックに構成されていることがわかります。おおまかないいかたをすればSDGsには、「経済」「社会」「環境」の三つの分野にわたる改革が細かく列記されています。しかし、この実行が容易ではないことは、だれもがすぐに気づくところです。たとえば、お風呂に入ること一つを想い描いてみてください。私が子ども時代を過ごした昭和30年代、つまり、1960年代のことを思いうかべてみましょう。家庭にお風呂のある人はちょっとしたお金持ちで、たいがいの人は銭湯に行っていました。二、三日に1回。暑いときは、家でたらいにお湯を張って行水、というのが庶民の一般的なライフスタイルでした。みなさんからすれば、いかにも貧しい生活のように思うかもしれませんが、これはこれでなかなか楽しかった。

近所のおじさんや年上の兄さん姉さんたちがごちゃごちゃいて、そのなかで上下関係や年下の面倒をみる習慣が自然にできるようになります。ですからそんな時代が続いていたら、SDGsという発想は生まれなかったかもしれません。しかしその後、社会が大きく変化しました。その起爆剤になったのは、1960年、当時、総理大臣だった池田勇人が打ち出した経済対策です。10年間で国民の所得を倍増させるという政策を掲げ、しゃにむに高度成長を推進したことです。当初は国民の多くが半信半疑であったものの、高度経済成長の恩恵をうけるかたちで国民所得はうなぎ登りとなりました。それにともない生活習慣にも大きな変化が見られるようになりました。隣近所を母胎とした日常的にみんなが寄り添う共同生活から、個人単位の生活様式へ急激に様変わりしていったのです。

あのころとくに印象に残ったライフスタイルの変化をあげておきましょう。私が東北大学へ入学したのは1975年です。高度資本主義の走りといえる、ペットボトルやコンビニが登場する前の時代です。手っ取り早く食事が取れるサービスとして、300円の吉野家の牛丼が仙台に登場したのは、そのころのことです。あるいは、手書きで写す時間のかかる作業にかわって、スキャンするだけで現物の写しが取れるコピー機はありましたが、まだまだ写りが悪く、どこにでもあるという代物ではありませんでした。必要な部分だけ手書きでコピーすることが当たり前で、図書館で一枚40円もかかったため、一般的には手書きで写すことが多かった。

そうしたライフスタイルが劇的に変化したのは、1980年代に入ってからです。宅配便が登場し、ペットボトル、プラスチック類が大量に使われるようになりました。それにともなって当然のことですが、大量に生産されたものが、大量に廃棄され始めました。

しかしあの頃の記憶をたどってみても、大量生産・大量消費が気候変動を引き起こすというような出来事は、あまりニュースにはなっていませんでした。利便性を追求することで、その先に今よりももっと豊かな幸福がやってくるはずだという錯覚に陥っていたわけです。それはまるで見果てぬ夢のなかに社会全体があったようなものです。しかし当時は、高度消費社会の利便性に乗っかって生活していくことが、地球規模で環境に甚大な負荷をあたえることになるのではないかと心配していた人は、ほんの一握りに過ぎませんでした。現在ではさすがにこうした価値観を大声で称賛する向きは小さくなっているようですが、まだどこかで環境に優しくとか、成長には限界があるといった「不都合な真実」は、科学の発達によって乗り越えられるのではないかと信じている向きがないとはいえません。いや、2000年代に入りくり返しいわれてきた「人新世」という時代区分——人間が地球の中心的役割を担うようになってきた時代にあって、産業革命の企業家たちの間では、産業化したライフスタイルはきわめて高く評価されていました（クリストフ・ボヌイユ＋ジャン＝バティスト・フレソズ『人新世とは何か』青土社2018年)。しかし、こんにち大きな曲がり角に立っているのは、まさしくこの価値観です。

私などは高度成長のまっただなかに子供時代をすごしたひとりですから、偉そうなことをいえた義理ではありませんが、病は、いったん症状があらわれてしまうと、病状はそれほど深刻にみえなくても、実際にあともどりができないほど深刻なことが多いものです。ときにはステージ4といった、末期の進行ガンのレベルになっていることも珍しくありません。地球環境についても同様です。実は、1972年には環境問題が危機的な状態になることを警告する報告書が出されていました。そこでの問題意識は、きわめて明快です。私たちが居住するこの世界というシステムが、人口増加とそれに伴う人間の活動に対して無限であるわけではなく、どのような制約を課するのかということでした。結果は悲観的なものでした。

1972年は、日本赤軍が立てこもった「あさま山荘事件」が起こり、日本中の人がテレビの前にくぎ付けになった年であり、翌年には、オイルショックによって、トイレットペーパーが店頭から消えるという事件がありました。当時を振り返ってみると、多くの生活人には、環境どころではなかった時代ともいえます。その1972年に刊行されたのが第1回ローマ・クラブ報告（『ローマ・クラブ「人類の危機」レポート　成長の限界』1972年）というものです。このなかで、「資源の枯渇と廃棄物の累積という事実を考慮すれば、無限の経済成長はありえない」と厳しい警告が発せられていました。ようするに、人類の未来のためには経済成長を諦めなさい、というものです。この警告をそのまま受けとることはとてもできない。さりとて、無視することもできない。ようやく1987年になって、のちのSDGsの基本をなすような報告書が出されています。通称「ブルントランド報告書」（邦訳は『地球の未来を守るために』1987年）が出ています。その報告書の中で「持続可能な開発」（sustainable development）という言葉が登場し、サステイナビリティが世界で注目されるようになりました（小宮山宏、2007年）。

この「ブルントランド報告書」で、「持続可能な開発」という考え方が提唱されたのには、大きな理由がありました。環境倫理学の権威である京都大学名誉教授の加藤尚武によると、「持続可能性」という条件をつけることで、焦点が環境保全にあるのではなく、開発ならびに経済成長に置かれていることに注意を喚起することができます。それは、開発の余地がまだまだ残されているという主張を導き出すものでした（加藤尚武、2021年）。

「ブルントランド報告書」の核心部分は、次の三点に要約されます。

1「持続可能な開発とは、未来の世代が自分たち自身の欲求を満たすための能力を減少させないように（without compromising the ability of future generation）現在の世代の欲求を満たすような開発」

2「持続的な開発のためには、大気、水、その他自然への好ましくない影響を最小限に抑制し、生態系の全体的な保全を図ることが必要」

3「持続的開発とは、天然資源の開発、投資の方向、技術開発の方向づけ、制度の改革がすべてひとつにまとまり、現在および将来の人間の欲求と願望を満たす能力を高めるように変化していく過程をいう」

この指摘自体は間違っていません。しかし、具体的にどうするのかということは明確ではなく、一種の努力目標であるわけです。報告書が示唆していることは、産業界との政治的な妥協の産物でした。環境問題の深刻さを語っているように見えますが、実際には、危機に直面していることに目をつぶれば、開発と経済成長は可能だという楽観的なメッセージを発していたわけです。たとえるなら、医者から禁酒だと強く言われるとショックを受けますが、ほどほどにやってくださいと言われると、つい楽観的な気分になってしまうのに似ています。人というのは、状況を自分に都合のよいように考えがちなものです。

経済学的に好ましい政策という意識が浸透するきっかけとなったのは、1991年に発表された論文「遅らせるか、もしくは遅らせないか：温室効果の経済学 To Slow or Not to Slow: The Economics of The Greenhouse Effect」です（Cf. 斎藤幸平 2020、p.16-17）。その論文を執筆したのは、2018年にノーベル経済学賞を受賞したイェール大学のウィリアム・ノードハウスです。1991年は、東西冷戦が終結し、欧米を中心とした世界に新たな希望が湧き上がる時期となりました。また、人・モノ・金が世界を駆け巡る急速なグローバル化が進展していた時期でもありました。ノードハウスは、気候変動の問題を早くから経済学に取り込もうとした先駆者でした。彼は、炭素税の導入を提唱し、最適な二酸化炭素削減率を決定するモデルの構築に取り組んでいました。しかし、ノードハウスは、冷戦後の急激な経済発展の流れを妨げることを恐れ、二酸化炭素の削減目標をあまり高く設定しませんでした。彼は、「バランス」が重要であるとし、経済成長を優先する方針を支持しました。その結果、彼が提唱した二酸化炭素削減率では、地球の平均気温が 2100 年までに 3.5 度上昇してしまうことがわかりました（斎藤幸平、2020 年）。

ちなみに 2015 年 SDGs が国連で採択された同じ年の 12 月に合意されたパリ協定で目標としている気温上昇は、2100 年までに産業革命以前と比較して 2 度未満（可能であれば 1.5 度未満）に抑え込むことでした。現時点では少なくとも産業革命時よりも平均気温で 1 度上昇しているといわれているわけですから、もはや待ったなしの対策が求められているわけです。つまり、これまでのライフスタイル全般を決定的に見直さなくてはならない地点に来ているわけです。

ライフスタイルの見直しもさることながら、SDGs では触れられていませんが、SDGs を実践していく上で最大級の障害物は、軍事関係が排出する二酸化です。（「How the world's militaries hide their huge carbon emission」）という記事でも指摘されていますが、SDGs の目標に軍事関係のことは含まれていません[(1)]。「ミレニアム宣言」では「平和、安全および軍縮」という項目が設けられ、やや抽象的な宣言とは軍縮問題に手をかけたものの、その後目立った進展はありませんでした。その最大の要因は、国連の全加盟国の同意を得て実施することが困難だからです。SDGs に関連する文献の中で、軍需産業を含む軍事関係が放出する二酸化炭素の抑制について、チョムスキーとポーリン（2021 年）は危機感を露わにしていますが、気候科学者や経済学者たちが、この問題について真剣に論じる気配はありません。軍事は軍需産業や軍事演習だけでなく、ウクライナの戦争を含むあらゆる戦争や紛争にもかかわっています。それにもかかわらず、グリーン政策の世界的権威であるノードハウスの近著（2023 年）では、この問題がほとんど触れられていません。SDGs が推し進めるグローバル・グリーン政策は、現在の平和に向けた取り組みの中心的なものであり、喫緊の課題であるにもかかわらずです。

第二節　SDGsと世界観の大転換

ライフスタイルの転換というと多くの人がただちに思い浮かべるのは、節電だとか、レジ袋を使わないで買い物袋を持参することでしょう。長年親しんできた習慣を変えることがものの見方の変化につながります。そして、社会を変え時代を前に動かす力となり、結果として経済構造の変革にいたるものです。しかし、あくまで実践するのは個々人ですから、その合意がなければ、経済構造の変革を先に言い出しても、実行性は上がりません。はたしてそうした意識が浸透するかどうかは、「現代において民主主義は機能するのか」ということと深くかかわっています。気候変動を緩やかなものにすることで、私たち地球人に求められているのは、高度産業社会が是としてきた大量生産と大量消費をあらためて、シンプルな生活にもどること、つまり「生きとし生けるもの」としての自然と共生することにほかなりません。私があえて「生きとし生けるもの」としての自然といったのは、人間と自然というだけではなく、動植物にも生存権をしっかり認めたうえで、人間も生態系の一員だということを強く自覚すべきだからです。

古代ギリシアにおいて、ソクラテスが生きた時代よりもさらに古い時代には、ギリシア語で人間を含むあらゆる生き物は「ゾーエー」と呼ばれ、区別されていませんでした。しかし、ある時期から人間の命とそれ以外の命には上下関係が生じ、人間の命は「ビオス」と呼ばれ、「ゾーエー」と区別されるようになりました。その結果、ゾーエーはやがて「動物園」という言葉の語源となりました。これは人間を絶対化していくプロセスであり、人間だけが神との関係を通じて優越化されていくことを意味します（ケレーニイ、1999年）。一方、人間以外の生き物は、人間に利益がある限りにおいてのみ存在意義を持つものとされました。このような観念からの脱却のために、「生きとし生けるもの」といういいかたをしたのです。

新しい考え方が広まると、それまでの見方や考え方に激震が走り、時代が大きく変わることがあります。そのひとつに、天動説から地動説への転換があります。16世紀のポーランドの天文学者であり、カトリックの下級聖職者でもあったコペルニクスに因んで「コペルニクス的回転」と呼ばれます。これによって何が変わったのでしょうか。それまでは、地球は宇宙の中心にあり、その周りを太陽系の惑星が回っていると考えられていました。月は地球の周りを回り、一番外側には土星が、その外側には恒星が、その先には天界が存在しているとされていました。神の世界はこの天界の向こうにあると考えられていました。しかし、地球が太陽を中心に周回する一つの惑星に過ぎないということがわかると、地球の地位は一気に下がります。そして、ジョルダーノ・ブルーノが宇宙が無限であると提唱すると、天界の存在は危うくなり、神の世界も消滅の危機に瀕することになりました。これはキリスト教徒にとっては救いの消滅につながることであり、人間の存在の根幹が揺らぐような衝撃を与えました（コイレ、1978年）。

こうした考え方の根本的な変化は、死に対する考え方にも見られます。現代人は死んでしまえば一切が終わると考えている人が少なくありません。体がなくなれば、その物質の化学作用で生じている「私」も、照明が消えるようになくなってしまうようにみえるからでしょう。しかし、死に対するこうした見方が主流になるのは、やはり近現代に特有のことです。たとえば、キリスト教ではアダムとエヴァがエデンの園で暮らしている間は、永遠の命が与えられ、一切の苦しみを免れていました。しかし、皆さんもよくご存知の通り、神が禁じた楽園の木の実を口にしたことから、彼らは罪を犯し、楽園を追放されます。地上で生活するようになった人類は、原罪の報いとして死ぬことが運命づけられ、労働に苦しめられる人生を送るようになりました。旧約聖書は人間の堕落の歴史でもありますが、その最終段階が新約聖書の時代であり、キリストの誕生以降がそれにあたります。アポカリプスには、キリストが再臨し、死者が最後の裁きを受け、救われる者だけが新しいエルサレムに集うと予言されています。原罪を背負う人類は、キリストを信じることで救われるという救済の物語がそこにあります。

図3　ピーテル・ブリューゲル
《死の勝利》1562年頃
マドリード、プラド美術館

しかしこの考え方が16世紀の宗教改革によって覆されます。人間は労働によって救われることになる。そして、労働によって富を得ることは、正しい行いだとされます。それまで否定されてきた世俗性・日常性が肯定されるようになります。それまでは、人類は時とともに堕落すると信じられていました。ですから、始まりがもっともよかったわけです。ところが、今度は現代が一番よいというふうに変わります。これはドラスティックな転換といえます。進歩という考え方が登場するからです。このように、私たちの考えは、節目ごとに大きく変化します。真逆の価値観に至ることは珍しくありません。別の言い方をすれば、本質に属性が従うという二元論から、属性こそが本質だという一元論への大きな転換であり、それは過ぎ去っていくエフェメラル（束の間のもの）に魅力を感じる感性と通じるものです。

この変化が目に見えるかたちでは美術の中にはっきりと現れています。たとえば、ピーテル・ブリューゲルの《死の勝利》（図3）とヤーコブ・ファン・ライスダールの《漂白場の見えるハールレムの風景》（図4）を比

図4　ヤーコプ・ファン・ライスダール
《漂白場のあるハールレムの風景》1670～75年頃
ハーグ、マウリッツハイス美術館

較してみましょう。ブリューゲルでは、死がこの地上を埋め尽くし、その大軍に騎士がひとり対峙するという構図で、やがて彼も死に呑みこまれてしまうことは必定です。この世界の絶望的な状況が表現されています。ところが、それから1世紀後の17世紀の、やはりオランダの画家ライスダールでは、画面の三分の二ほどを占める雲の浮かぶ明るい空を背景に、漂白した布を干すのどかな風景が広がっています。過酷な宗教戦争における神の世界をめぐる理念と闘争を重視する世界観から、日常性を基盤とする世界観への転換によって、この世界の見え方がどのように変化したかがよくわかります。私たちが世界に対峙するものの見方次第で、世界の風景は戦争とも平和とも見えるということです。

価値観の転換についていくつかの話題をピックアップしてきましたが、読者の皆さんのなかには、確かにそうした事例はあるかもしれないが、出された事例はみんなはるか昔のことであったり、少し実生活からは縁の遠いことであったりするかもしれません。そこで現代の生活と直結するところから一例を拾ってみましょう。それは現在建設中のリニアモーターカーと関係するものです。

ある新進気鋭のビジネスマンが興味深い指摘をされています（小林、2022年）。そこには激変するビジネスシーンが活写されています。それによると、現在、東海道新幹線を超える新時代の鉄道として、リニアモーターカーの建設が進められており、東京と名古屋を約40分で結ぶ計画だといいます。多くの人からこの新しいテクノロジーに対する期待の声が聞かれます。しかし、小林はリニアモーターカーの発想を時代の流れが読めないナンセンスな計画だと批判する。

インターネット環境が整う前は、車での移動は時間のムダで、目的地に着いてから仕事が始まりました。しかし、今ではビジネスマンがノートパソコンを持ち出して新幹線で仕事をするのが当たり前になっています。そんな時代に彼らが今求めているのは、移動時間の短縮などではなく、移動中も快適に仕事ができるネット空間の整備された車内環境だというのです。リニアの計画当初とは、時代の潮目がすっかり変わってしまったわけです。ですから、環境への負荷も指摘されるなか巨費を投じてまで敢行する意義があるのかはなはだ疑問がもたれています。

新幹線計画を推し進めていた時代のスピード第一主義は、視野狭窄に陥り、時代の潮流を見失っているようにみえます。それはちょうど、旧日本海軍の大艦巨砲主義を思い出させます。旧日本海軍は、ロシアとの海戦に勝利した対馬海戦の成功を忘れられませんでした。海軍の指導部は、一部の進歩的な将校の反対よりも、戦艦の建造を優先し続けました。しかし、戦艦のかわりに航空母艦を使用する方法が戦術的に重要であることを見落としていました。このため、敗戦寸前の沖縄で無謀な出撃をして沈没した大和の悲劇が起きたのです。成功体験にすがり、時代の変化を見誤り、滅びゆく運命を受け入れざるを得なかった旧日本海軍の様子が、遠い過去のことではなく、現代日本のありようと重なってみえるのは私だけでしょうか。

第三節　SDGsと未来の人間との連帯

これまで駆け足でSDGsが目指す大きな変革、すなわち人間中心の社会から人間と「生きとし生けるもの」を包括する自然界との共生について説明してきました。このためには、産業革命以降進めてきた科学技術に基づく進歩の考えに批判的なまなざしを向け、価値観の大転換をはかる必要があると述べてきました。

ただし、SDGsの目標を達成するには、高度消費社会から得る利益を可能な限り抑制し、ライフスタイルを見直すだけでは十分ではありません。旅行を例に取って考えてみましょう。駅に行き、切符を買い、ホームに入ってきた列車に乗り込み、好きなところに行ってみるという人はいるかもしれません。しかしそれは少数派でしょう。大多数の人は、事前にどこに行くかをある程度は決めているはずです。

SDGsの実践活動もやはり似ていると思います。このままの経済活動や生活を続けていれば、2030年を過ぎる頃には、もはや後戻りができないほど困難な状況になるといわれています。しかし、それはいずれ自分たちが死ぬことは知っていても、不確実な遠い未来であって、今日や明日ではないと思っている限り、多くの人にとって死は他人事です。

では、どうすればSDGsが差し迫った課題として私たちが受け止められるのでしょうか。そのためには、SDGsの実践によってどのような未来があり、未来とどのような連帯を結ぶのか、明確なイメージを持つ必要があるのではないでしょうか。私は今、「未来との連帯」という表現をしました。しかし皆さんの中には、連帯とは存在する人とであって、まだ生まれてもいないかもしれない人と連帯するとはどういうことか、といぶかしく思う人がいるかもしれません。私が「未来との連帯」と言うのは、こういうことです。人は自らの選択に正統性を求めるものです。自分が進む道は正しいのだ、選択には意味があったのだ、と確認したいものです。そうすることによって、その道のりがどれほど困難であっても乗り越えて行こうとする勇気が湧いてくるからです。別の言い方をすれば、人から与えられた道ではなく、自らが選び取ったものだと信じることで力が湧いてくるのです。そのため、倒れた人を助けるために、たとえ自分が深手を負っていようとも援助の手を差し伸べようとする人があらわれるのです。

「未来との連帯」とは、このことをもう少し押し広げるとつぎのようにいえるのではないでしょうか。「世界観の大転換」の節で述べた地動説と天動説を引いておきます。現代では誰もが地動説を信じ、天動説を唱える人はいません。しかし、コペルニクスが地動説を唱えた当時、それまで 1800 年以上忘れ去られていたギリシアのアリスタルコスという人物が再評価されました。実はアリスタルコスこそが最初に地動説を唱えた人物だったのです。コペルニクスによって 1800 年以上後にアリスタルコスの業績が再評価されたことは、正しいか否かの評価が後世に委ねられるという運命論的な主張とは別に、もっと積極的な意味があります。それは、16 世紀のコペルニクスと、紀元前 3 世紀のアリスタルコスの間で連帯が生まれたということです。連帯が生まれることで、コペルニクスの学説に説得力が増したということです。

「未来との連帯」は、先に述べたように「贈与」の考え方に基づいて理解できます。具体的には、私たちが持つリソースや技術などを未来世代に対して贈与することを意味します。しかし、このような「贈与」の考え方は、現代ではあまり一般的ではありません。長年にわたって培われてきた互酬性という文化も、最近では廃れつつあります。そのため、「未来との連帯」を実現するためには、私たちは贈与の考え方を取り戻し、将来世代に対して責任を持つ覚悟が必要であると言えます。

この「贈与」という視点がなぜ重要なのかといえば、効果的に SDGs を実践するのであれば、数値目標を立ててそれを実行する必要があります。明確な目標を設定するためには、数値目標は欠かせません。しかし、その場合、実践する人は、対象を数値目標に照らしてコントロールしようという意識が自然に働きます。このコントロール意識は、支配と被支配の関係に置き換えられがちです。それでは個人の「自由」を排除することになってしまいます。たとえば、先生が学生に「君たちのためを思ってこんなにいろいろ考えているのに、どうしてわからないのか」と言ったとします。そうすると、多くの学生から反発されることは必至です。「そんなこと知ったことかよ」と心の中でつぶやくことでしょう。

「贈与」とは「交換」の一つですが、等価交換とは限りません。多様な仕組みが存在します。「贈与」について論じた古典的な研究にマルセル・モースの『贈与論』があります。そこで言われている「贈与」の考え方からSDGsを見るなら、「贈与」の重要な側面は、贈与交換が人と人との関係だけでなく「目に見えないもの」、いまだ「この場にないもの」や「神聖な存在」とも関係があることです（岩野卓司、2019年）。

現代人と未来の関係について考えると、未来は贈与されるものともいうことができます。つまり、未来とはあらわれる前にすでに与えられているものであり、現代人はそれを受け取るということになるのです。そうであれば、未来という贈与を受けた現代人は、返礼をしなくてはなりません。

このように考えるだけでは、人々を動かす具体的な力にはならないでしょう。たんなる理想に過ぎないと一蹴されることもあるかもしれません。しかし、この贈与の関係は、国際関係の中で現実化されているとみられる事例があります。米本昌平（稲村他『レジリエンス人類史』2022年）によると、その動きはドイツに見られます。ドイツは東西ドイツの再統合を実現し、冷戦構造を終結させると、すぐに地球の温暖化問題の解決を国家的な課題と位置づけました。それが1990年10月、当時の西ドイツ連邦議会で採択された報告書『地球の保護』に明確化されています。地球温暖化問題を強力なアジェンダとしているわけです。すでに21世紀を待たずして、二酸化炭素の排出削減が先進国における課題であることを示していたのです。そして、これがやがて、京都議定書（1997年）、パリ協定（2015年）、そしてSDGsへとつながっていくことになります。

20世紀のドイツは、第1次世界大戦や第2次世界大戦といったヨーロッパにおける最大の政治的な不安定要因となっていました。しかし、悲願であったドイツの再統合の実現に向けて、周辺国の不安材料を和らげるため、前述の通り、ドイツが環境問題を含めた世界のビジョンを掲げ、不安との「交換」を果たそうとすることは、弱みを強みに転換する戦略であると考えられます。

1985年5月8日、ドイツの敗戦記念日に当時の大統領であったヴァイツゼッカーは、「荒れ野の四〇年」と題する講演を行いました（ヴァイツゼッカー、1986年)。この中で、「過去に目を閉ざすものは結局のところ現在にも盲目だ」という言葉がありますが、これは環境問題にも関連することです。つまり、私たちは過去の失敗や誤りから学び、未来に向けて目を向けることが必要であるということです。そのため、「未来に対して目を閉ざすものは、結局のところ現在にも盲目だ」と言い換えられます（cf. Ozaki, 2018)。

付記：本稿は、2022年4月18日に開催された第11回教養教育院特別セミナー「SDGsと東北大の挑戦——気候変動をめぐって」において口頭発表した「SDGsとアポカリプス」、ならびに、2022年9月27日、仙台国際センターで開催された、東北大学日本学国際共同大学院主催の国際シンポジウム Naraku: Discord, Dysfunction, Dystopia で発表した SDGs and Apocalypse: Aiming for Solidarity with Humankind in the Future に基づく。

註・参考文献

(1) ミレニアム宣言の原文は、https://www.ohchr.org/en/instruments-mechanisms/instruments/united-nations-millennium-declaration を参照。また本稿で詳しく紹介することはできませんが、米軍の二酸化炭素の排出量は、ポルトガル一国を超える量になります。またイラク戦争では五億トンあまりの二酸化炭素が排出されました。それは世界全体の年間排出量の2.5%にもなるという試算があります。How the world's militaries hide their huge carbon emissions, Published: November 9, 2021 12.41pm GMT, https://theconversation.com/how-the-worlds-militaries-hide-their-huge-carbon-emissions-17146

・『荒れ野の40年：ヴァイツゼッカー大統領演説全文』岩波ブックレット（永井清彦訳）岩波書店、1986年。

・『地球の未来を守るために：環境と開発に関する世界委員会』（監修者・大来佐武郎）福武書店、1987年。
・NHKスペシャル取材班〔編著〕『持続可能な世界は築けるのか』NHK出版、2021年。
・稲村哲也・山極壽一・清水展・阿部健一　編『レジリエンス人類史』京都大学出版会、2022年。
・岩野卓司『贈与の哲学：ジャン＝リュック・マリオンの思想』明治大学出版会、2014年。
・岩野卓司『贈与論　資本主義を突き抜けるための哲学』青土社、2019年。
・岩野卓司『贈与をめぐる冒険：新しい社会をつくるには』ヘウレーカ、2023年。
・Akihiro Ozaki, The beginning of the never-ending struggle, in: Chr. Craig, E. Fongaro, and A. Ozaki(eds.), *Knowledge and Arts on the Move: Transformation of the Self-Aware Image through East-West Encounters*, Milan 2018, pp. 129-138.
・岡田温司『黙示録——イメージの源泉』岩波新書、2014年。
・小林邦宏『鉄道ビジネスから世界を読む』（インターナショナル新書）集英社、2022年。
・加藤尚武『新・環境倫理学のすすめ』【増補新版】丸善、2020年。
・加藤尚武「「持続可能性」という概念の持続可能性——生存科学の基本問題」、
・蟹江憲史『SDGs（持続可能な開発目標）』（中公新書）中央公論新社、2020年。
・*J. Seizon and Life Sei*, Vol. 32-1, 2021. 9, pp. 3-21.
・スティーブン・E.クーニン『気候変動の真実：科学は何を語り、何を語っていないか？』日経BP、2022年。
・ベンジャミン・クリッツァー『21世紀の道徳：学問、功利主義、ジェンダー、幸福を考える』晶文社、2021年。
・カール・ケレーニイ『ディオニューソス：破壊されざる生の根源像』（岡田素之訳）白水社、1999年。
・アレキサンドル・コイレ『閉じた世界から無限宇宙へ』（横山雅彦訳）みすず書房、1973年。
・小宮山宏編『サステイナビリティ学への挑戦』岩波書店、2007年。
・サラット・コリング『抵抗する動物たち：グローバル資本主義時代の種を超えた連帯』（井上太一訳）青土社、2023年。
・斎藤幸平『人新世の「資本論」』集英社新書、2020年。
・J.E.ド・スタイガー『環境保護主義の時代：アメリカにおける環境思想の系譜』（新田功・藏本忍・大森正之訳）多賀出版、2001年。
・田瀬和夫＋SDGパートナーズ『SDGs思考：社会共創編　価値転換のその先へ　プラスサム資本主義を目指す世界』インプレス、2022年。
・ノーム・チョムスキー＋ロバート・ポーリン、聴き手クロニス・J・ポリクロニュー『気候危機とグローバル・グリーン・ニューディール：地球を救う政治経済論』（早川健治訳）那須里山舎、2021年。
・ナタリー・Z・デーヴィス『贈与の文化史：16世紀フランスにおける』（宮下志朗訳）2007年、みすず書房。

・野家啓一『歴史を哲学する——七日間の集中講義』（岩波現代文庫）岩波書店、2016 年。
・ウィリアム・ノードハウス『気候カジノ：経済学から見た地球温暖化問題の最前線』（藤崎香里訳）日経 BP 社、2015 年。
・ウィリアム・ノードハウス『グリーン経済学』（江口泰子訳）みすず書房、2023 年。
・長谷川公一『環境社会学入門——持続可能な未来をつくる』(ちくま新書)筑摩書房、2021 年。
・クリストフ・ボヌイユ＋ジャン＝バティスト・フレンズ『人新世とは何か：〈地球と人類の時代〉の思想史』青土社、2018 年。
・マイケル・E・マカロー『親切の人類史：ヒトはいかにして利他の心を獲得したか』（的場和之訳）みすず書房、2022 年。
・南博・稲場雅紀『SDGs——危機の時代の羅針盤』（岩波新書）岩波書店、2020 年。
・チャールズ・C・マン『魔術師と予言者：2050 年の世界像をめぐる科学者たちの闘い』（布施由紀子訳）紀伊國屋書店、2022 年。
・D・H・メドウズ／D・L・メドウズ他『ローマ・クラブ「人類の危機」レポート　成長の限界』（大来佐武郎訳）ダイヤモンド社、1972 年。
・D・H・メドウズ／D・L・メドウズ他『生きるための選択：限界を超えて』（監訳・茅陽一、松橋隆治・村井昌子訳）ダイヤモンド社、1992 年。
・松下和夫『1.5℃の気候危機：脱炭素で豊かな経済、ネットゼロ社会へ』（知の新書）文化科学高等研究院出版、2022 年。
・マルセル・モース『贈与論』（吉田禎吾・江川純一訳）（ちくま学芸文庫）筑摩書房、2009 年。
・ジェレミー・リフキン『グローバル・グリーン・ニューディール：2028 年までに化石燃料文明は崩壊、大胆な経済プランが地球上の生命を救う』（幾島幸子訳）NHK 出版、2020 年。

第八章　気候危機と社会運動

長谷川公一

はじめに

公害・環境問題をめぐっては、それぞれの現場で何らかの社会運動や抗議運動が起こるのが通例である。仮に重大な環境問題が存在するにもかかわらず、何らの運動も起こっていなかったとしたら、言論の自由や異議申し立て、抗議行動が抑圧され、運動が封じ込められているとみることができる。アメリカでは、「1960年代後半の環境運動がなかったならば、環境社会学は（1970年代後半に）おそらく出現していなかったであろう」と指摘されている（Humphery and Buttel、1982 = 1991、（ ）は筆者による補足）。環境運動は、環境問題を社会的な問題として顕在化させ、対策の喫緊性を社会的にアピールするうえで大きな役割を果たしてきた。しかも環境社会学という学問分野の成立をも促したのである。1990年に飯島伸子らのリーダーシップによって登場した日本の環境社会学も、全国各地で顕在化した公害反対運動や環境運動を背景としている(友澤悠季、2014)。

環境社会学における、環境運動の社会学的研究の比重の大きさとは対照的に、環境経済学や環境法学の入門書や教科書において、環境運動が言及されることはほとんどない。運動論的な視座は、環境問題に関する社会科学的な研究の中でも、環境社会学に特有の独自な視点である。日本の環境社会学の主な焦点は、主に被害論、加害―被害関係の社会学的なメカニズムの解明と、住民運動や市民運動を対象とする運動論にあった。船橋晴俊（2001）は、環境問題の社会学的研究の問題領域として、加害論・原因論、被害論、解決論の3つを指摘するが、環境社会学における研究および論述の対象としての環境運動の重み、社会運動論的研究の蓄積の大きさを考慮すると、運動論的研究に独自の重みを与えるべきであり、環境問題の社会学は、加害論・被害論・運動論・政策論の4つから構成されると考えるべきである。社会的実践のレベルでは、被害と政策を媒介するところに運動の意義があり、研究のレベルでは、被害論と政策論を媒介するところに運動論の意義がある。

安保反対運動が高揚した1960年以降の60数年間に、社会運動・市民活動の活性化にむけて様々な期待が語られてきた。順不同にあげれば、住民投票への期待、NPO法への期待、インターネットへの期待、若者への期待、政権交代への期待、地方首長のイニシアティブへの期待、震災復興への期待、福島原発事故後のエネルギー政策転換への期待、専門化への期待、企業との連携への期待、ビジネス化への期待、「外圧」への期待等々。

東西ドイツの統一、ソ連邦の解体、ヨーロッパにおける冷戦構造の終焉を経て、20世紀末には、「環境と福祉の21世紀」の到来が世界的に期待されていた。インターネットがマス・メディアの一方向性を打破し、双方向的で公共圏的な機能を持ちうるのではないかという期待も大きかった。筆者自身も「電子メディア時代の公共圏」への期待を記したことがあるが、近年はSNSの持つ分断の弊害が顕著である（長谷川2003b;2019a）。

前述の様々な期待はそれぞれ一定程度は実現したものの、2023年の現時点では、ほとんどがいずれも大きく萎んだか、後退してしまっている。

本稿では、人権などの擁護・拡大を志向するリベラルな社会運動に焦点をあてるが、国際的には、自国中心主義的・排外主義的で保守主義的な政治的機運の高まりとともに、このような政治的志向性を支持する対抗運動の台頭も著しい。

新型コロナウイルス感染拡大防止のために、マスク着用とともに世界的に喧伝された「社会的距離を保つ（social distancing）」こと。3年以上にわたって、一箇所に多数の人々が集まること自体が敬遠され、対面での大規模な集会やデモ行進なども自粛せざるを得なかった。

しかしこのような時代にも、急激に世界中にひろがり、コロナ禍の前年も、2020年春以降のコロナ禍の制約の中でも、社会的な注目を集め続けている運動がある。Fridays for Future（「未来のための金曜行動」）という新しいネットワークである。気候変動問題に取り組む若者達のネットワークだ。社会運動の現代的な特徴・現代的な課題を検討するうえで格好の環境運動である。

気候危機は先進国の地域社会のレベルでは、被害として顕在化しにくい。台風やハリケーンの巨大化などによる豪雨や洪水の被害の構造的な要因が、近年の平均海水温の上昇にあることは事実だが、エルニーニョ等の影響も考慮せねばならず、因果関係の厳密な説明は必ずしも容易ではない。気候危機の深刻な影響は、遠い島国や北極圏、将来世代などが被るものと見なされがちだった。問題の抽象性や複雑性などから、一般市民が当事者性を意識するのが困難なために、長い間、気候危機は、組織化が困難な、社会運動化しづらい問題と考えられてきた。

それにもかかわらず、(1) 2018年の夏以降、Fridays for Future運動は、なぜ世界的に急速に拡大・高揚しえたのだろうか。(2) 日本のFridays for Future運動は、動員の規模も、社会的影響力も、先進国の中で、例外的に限定的であり、低迷している。それはなぜなのだろうか。(3) 日本や世界のFridays for Future運動は、今後どのような方向に向かうのだろうか。本稿では、筆者自身の参与観察による知見(註1)も含め、社会運動論の観点から、文化的フレーミング・動員構造・政治的機会に着目してこれらの問いについて考察する(註2)。

第一節　Fridays for Future成功の秘密

Fridays for Future運動のそもそもの発端は2018年8月20日（月）、当時15歳のグレタ・トゥーンベリ（Greta Thunberg）がスウェーデンの国会議事堂前でたった1人で始めた抗議行動である。この日はスウェーデンの新学期の初日だった。彼女が授業を休んで始めた、政府に気候変動対策の強化を求める「気候変動ストライキ」（学校ストライキとも呼ばれる）はSNSを通じて拡散され、翌日には座り込む人が5人に増え、日ごとに一緒に座る仲間が増えていった（Ernman et al. 2018=2019）。当時スウェーデンは総選挙の最中で、総選挙の投票日9月9日（日）をめざして3週間、1日7時間ずつストライキを続けることが当初の計画だった。イギリスのガーディアン紙やBBCの報道も加わり、9月9日が近づくと、スウェーデン国内では100箇所以上で、ノルウェーでは数千人が、オランダのハーグ国会前では約100人の若者がストライキを始めた。当初の計画ではストライキの最終日だった9月8日（土）にはスウェーデンの国会議事堂前に10代の若者と大人約1000人が座り込むまでに至った。

思いがけない大きな反響を受けて、総選挙後も、スウェーデン政府がパリ協定での約束を実行に移す、つまり当時の「2度目標達成」の具体化に邁進するまで、毎週金曜日にグレタはストライキを続けることにした。2018年11月のTED（Technology, Entertainment, and Designの略）でのスピーチ、12月の国連の温暖化防止会議（COP24）でのスピーチなどが絶賛され、気候変動ストライキはFridays for Futureの言葉とともに全世界に広がった。

7ヶ月後の2019年3月15日（金）には世界125ヶ国2000以上の都市で、若者を中心に140万人以上が参加するまでに拡大した。13ヶ月後の2019年9月23日に開かれた国連気候行動サミットを目前にした9月20日（金）には、163ヶ国で400万人以上が参加した。キャンペーンは9月27日（金）まで続き、8日間で185ヶ国で760万人以上が参加した。世界中のほとんどの国々で、これだけの数の若者らが自発的に街頭デモに参加したのである。

9月20日にはベルリンでは27万人、ロンドンでは10万人が参加、27日までにイタリアで150万人、ドイツで140万人、カナダで80万人が参加したという。キャンペーン最終日の9月27日にモントリオールで開かれたデモには50万人が集まったという。イッシューや分野を問わず、世界で過去最大規模の集合行為となった。グレタの呼びかけ以前に、気候変動に関して最大規模だったのは、2014年9月国連の特別総会直前に開かれたニューヨークでの約40万人が参加したデモだった。動員の規模は、20倍近くに急拡大した。

2020年は新型コロナの世界的流行もあって、街頭でのアクションは国によっては人数制限があったり、自粛ムードとなった。しかし4月24日（金）にはオンライン気候ストライキ（日本では「デジタル気候マーチ」として呼びかけられた）が、9月25日（金）には世界気候アクション（Global Day of Climate Action）が呼びかけられた。コロナ禍にもかかわらず、9月の世界気候アクションでは、世界3200ヶ所で様々なアクションが行われた。ドイツでは450箇所で、計20万人が参加して街頭行動が行われた。

この運動の特徴は、①大学生･高校生など若い世代中心の集合行為であること、②これまで社会運動やデモなどに関わった経験のないはじめての参加者が多いこと、③気候変動対策の強化を求めて若者がアクションをするという行為の「無私性」と話題性、④単発的にではなく、毎週金曜など継続的に行われていること、世界的な呼びかけも、2019年は3月･5月･9月･11月と4回、コロナ禍の2020年にも4月と9月に行われるなど、年数回呼びかけられ続けていること、⑤途上国も含め世界全体に広がっていること、⑥SNSが参加呼びかけのメディアとして駆使されていること、⑦基本的には気候危機に焦点を絞ったシングル・イッシュー型の運動であることなどである。

1.1　「社会運動分析の三角形」
——文化的フレーミング・動員構造・政治的機会

社会運動が成功するための条件はどのように分析できるだろうか。社会運動が成功するための条件は、文化的フレーミング･動員構造･政治的機会の3つの観点から分析できる。筆者は、図1のように「社会運動分析の三角形」と呼んできた（長谷川 2019b）。

社会運動を正当化し、参加を動機づけるような、参加者に共有された状況の定義、「世界イメージ」や運動の「自己イメージ」がフレームであり、これを形成するための意識的･戦略的なプロセスが文化的フレーミン

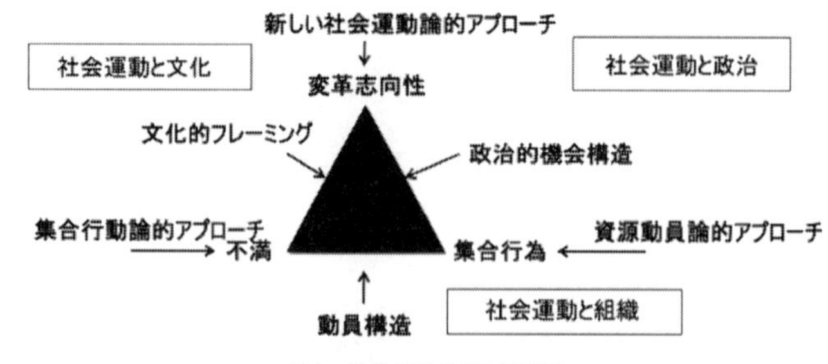

図1　社会運動分析の三角形
出所：長谷川公一（2019b：518）

グの過程である。フレーミングは不満と変革志向性を媒介する動的な過程である。

動員構造は、どのような資源がどのような条件のもとで動員可能であるのかに注目したものである。

政治的機会構造は、社会運動の生成・展開・停滞を規定する制度的・非制度的な政治的条件の総体である。

これらは「社会運動と文化」「社会運動と組織」「社会運動と政治」という社会運動研究の3つの潮流を受けとめ、集合行動論、フレーム分析、新しい社会運動論、資源動員論、政治的機会構造論を統合した分析枠組である。

以下ではこの3要素に着目して、Fridays for Future という国際的なネットワークと運動の特質を考察したい。

1.2　Fridays for Future というフレーミング

フレーミングという点では、最初に呼びかけた当時15歳のグレタ・トゥーンベリというシンボル、Fridays for Future というネーミングが極めて効果的だった。

気候変動問題は、問題の抽象性や複雑性などから、白熊のようなシンボリックなアイコンはあっても、長年運動のシンボルとなるキープレイヤーが現れにくい問題だと考えられてきた。シンボル的な人物は、気候変動問題に関する啓蒙活動が評価され、2007年に科学者団体のIPCC（気候変動に関する政府間パネル）とともに、ノーベル平和賞を受賞したアル・ゴア元米国副大統領などに限られていた。気候変動問題を人格化したという点で、最初に1人で呼びかけたグレタ・トゥーンベリが一躍注目を集めるようになったことの意義はきわめて大きい。2019年も、1月の世界経済フォーラム、2月のEU議会、9月の国連気候行動サミットなどに招かれ、次々と印象的な問題提起を行った。彼女はわずか半年足らずで、気候変動問題のシンボル的なアイコンとなった。2019年12月にはタイム誌のPerson of the Yearに選出された（TIME 2019 Person of the Year: Greta Thunberg）。

「私たちの家が燃えています」（2019年1月の世界経済フォーラムでのスピーチ）「権力を握っている人びとは、（略）私たちの未来を盗み、利益のために売り払って、そのまま逃げてきました」（2019年5月の「オーストリア世界会議」でのスピーチ）（以上は（Ernman et al. 2018 = 2019）に収録されている）「生態系全体が崩壊しつつあり、私たちは大規模な絶滅の始まりにいるというのに、あなた方が話すことといえば、お金や永遠の経済成長というおとぎ話ばかり。よくも、そんなことができるものです」（2019年9月23日の国連気候行動サミットでのスピーチ）など、緊急の温室効果ガス対策を求める彼女の直裁で明確なメッセージと、温室効果ガスを大量に出すことを理由に飛行機に乗らない（ヨーロッパ内は鉄道を利用、ニューヨーク行きにはヨットを利用した）ことなどを始めとする活動は、若い世代の代弁者として大きな喝采を浴びた。

毎週金曜日の抗議行動を呼びかけたことに由来するFridays for Futureもすぐれたフレーミングである。#MeToo運動もそうだが、使われている英語は、英語圏ならば小学校低学年にも理解できるわかりやすさであり、直裁かつポジティブな表現である。文字どおり未来志向的でもある。わずか16文字だが、未来への危機感を表明しつつ、だから金曜日に行動しようというアクションの呼びかけにもなっている。Fridaysという複数形も効いている。FFF Sendaiのように、略語としても使いやすく、ハッシュタグに便利である。Fridays for Future Yamagata、Fridays for Future Saitama のように、国名だけでなく、地名を付けてローカル化もしやすい。ローカル化しやすいために、若者たちが自分たちの地域でもやろうという気になりやすい。日本でも、気候変動ストライキを呼びかけるグループが各地で計 30 以上も立ち上がって、継続的に活動している（2023 年 5 月末現在）。「○○反対」「反○○」「○○するな」のような否定的・禁止的・告発的なフレーミングに比べて、抵抗や反発を招きにくい。Fridays for Future って何だという関心も喚起しやすい。

日本の様々な社会運動に、このわずか 16 文字の Fridays for Future に勝るようなフレームが、はたしてこれまであっただろうか。

1.3　Fridays for Future の動員構造

動員構造については、グリンピースや地球の友、WWF（世界自然保護基金）、350.org などのような既成の環境 NGO が後景に退き、Fridays for Future Berlin や Fridays for Future London のような若者中心のネットワークを前面に出した戦略が注目される。既成の環境 NGO のメンバーや事務局の専従スタッフがメンバーに加わるなどして大なり小なりサポートしていることは事実だが、基本的には個々人による緩やかなネットワークという性格が強い。2019 年 9 月の行動について上述したように、185 ヶ国 760 万人以上の若者らが、組織的な基盤に依らずに、自発的に街頭デモに参加するに至ったことは特筆される。それは Fridays for Future の名のもとに、若者が気候危機に立ち向かうというフレーミングの成功の何よりの証左である。

若者たちが情報伝達や動員に活用しているのは SNS である。グレタのツィッターのアカウントは、576.6 万のフォロワー数がある（2023 年 5 月末現在）。グレタの Facebook のサイトもまた 353 万件のフォロー数がある（後述の表 1 参照）。例えば、2020 年 9 月 21 日に彼女が掲載した 2005 年 2 歳の折の自分の写真を添えた、世界の二酸化炭素の総排出量の 3 分の 1 は、2005 年以来 15 年間に排出されたものだ、二酸化炭素の排出量の増大のスピードはこんなにも速いという記事は、計14万件の「いいね」を獲得している。

グレタの発信力のセンスの良さ、問題提起力、一貫性は、現在の社会運動のあり方や効果的な戦略を考える上で学ぶものが大きい。

グレタたちの行動で注目されるのは継続性である。2023年6月2日（金）に、彼女たちの学校ストライキは250週目を迎えた（註3）。1年は52週だから、コロナ禍の3年3ヶ月を含んで、5年近く続いてきたことになる。世界的な呼びかけも、前述のように、これまで年3回程度づつ継続的に行われている。

1.4. 「われわれはここにいる」

2011年9月半ばから約2ヶ月間ニューヨークで続いた「ウォール街を占拠せよ（Occupy Wall Street）運動」を、特定の政策の実現を求めているのでも、特定の受益者を代弁しているのでもない、アイデンティティの構築だけを求める「われわれはここにいる運動（“We are here movement”）」という新しいタイプの運動だと、アメリカの政治社会学者で社会運動研究の第1人者であるタローは規定している（Tarrow 2011）。いま・ここで、私たちは抗議している、そのこと自体に意味のある運動だと評価している。類似しているのは1970年代の新しい女性運動であるとして、「われわれを無視するな」「われわれの声に耳を傾けよ」という承認と正当な評価を求めていると述べた。確かに、Fridays for Futureの運動も、「われわれはここにいる運動」とよく似ている。

Fridays for Future運動は、また「経験共有運動（experience movement）」（McDonald 2004）的な性格を持っている。オーストラリアの社会学者で反グローバリズム運動などを研究してきたマクドナルドは、反グローバリズム運動などを例に、集合的アイデンティティーや組織の役割を重視してきた従来の社会運動論を批判し、今日的な社会運動の特徴は、仲間集団（affinity group）的であり、つかの間の流動的な性格にあると指摘する。行為者は、身体を備えた具体的な他者との出会いをとおして、自己をもう１人の他者（another）として経験しているとして主観性・主体性を強調する。

Fridays for Future 運動の場合にも、呼びかけ人は存在するが、誰がどこまでがメンバーか否かというような、メンバーシップはもはや意味を持たない。関係は一緒に抗議するときだけ存在し、参加できる人は次の呼びかけの際に再び集う。このように集合と離散が繰り返される。関与の仕方や関心の違いを認めたうえで、信頼をもとに、互いに人間として仲間と知り合っているような互酬的な（お互いさま的な）関係である。空間と時間の共有が、抗議する人びとを結びつけている。マクドナルドは、抗議に出かけることは、日常の空間と場から脱出する経験であると指摘する。人びとは状況や経験を共有しているが、タローとは異なって、アイデンティティを共有しているのではないことを彼は強調する。

このような「われわれはここにいる運動」、経験共有運動としての性格は、日本における、2008 年の洞爺湖サミット反対デモ（野宮・西城戸編 2016）、2011 年から 2012 年にかけての反原発デモや原発再稼働に反対する運動の高揚、2015 年夏の安保関連法案に反対する運動の高揚などに共通に見出された特質でもある。これらの運動ではいずれも総理官邸前や国会周辺などで、数万から十数万人規模の動員数を何度も記録した（町村・佐藤編 2016; Hasegawa 2018）。

福島原発事故後の反原発運動では、自分も容易に原発事故の被害者になり得る、当事者になりうるという感覚が広がり、「自分たちが生活する現場で、それぞれの持ち場で、声を上げよう」という意識が広がった。事故発生から３ヶ月後の 2011 年６月に全国 140 都市で開かれた大規模な反原発デモはその典型である。

タローとマクドナルド、両者の視点はかなり似ている。ただし「われわれはここにいる」という we の主語に示されるようにタローは当該の運動全体を集合的に把握しようとしているのに対し、「もう一つの自己（Oneself as Another）」という表題に示されるように、マクドナルドは I に照準をあて、we や集合的アイデンティティーを否定的に論じている。またタローは目標達成にとっての有効性という関心が強いのに対して、マクドナルドは自己表出性を強調している。

1988年から90年にかけての「反原発ニューウェーブ」を筆者は新しい社会運動の典型として論じてきたが（長谷川 2003a)、「われわれはここにいる運動」や経験共有運動の日本における先駆的な運動として捉え直すこともできる。

運動の呼びかけ人の「自分の意志表示として原発をとめるということを実現しなければならない」(小原 1988：22）というメッセージの「自分の意志表示として原発をとめる」という志向性は、「自分の意志表示として気候変動をとめる」という決意として、グレタにも、Fridays for Future 運動全体にも共有されていると見ることができる。

1.5　Fridays for Future の政治的機会構造

グレタ達の行動が大きな反響を勝ち得た背景には2019年という政治的機会のタイミングがあった。2019年はパリ協定の実施が始まる2020年の前年であり、メディアも取り上げやすかった。また気候危機への対応およびパリ協定への復帰が大きな争点となったアメリカ大統領選挙の前年でもあった。グレタ達の行動が仮に2012年であったならば、これほどの反響を得ただろうか。

世界の日刊紙の中で、気候変動問題の報道にもっとも熱心なイギリスのガーディアン紙は、2019年5月、気候変動という表現では現実の深刻さを十分に伝えきれていないとして、気候変動に替えて、気候危機（climate crisis）や気候非常事態（climate emergency）と表記すると方針の転換を宣言した。

2019年12月 Oxford Dictionary は、「2019年の言葉（The Word of the Year 2019)」に気候非常事態を選出した（Oxford Languages Word of the Year 2019)。気候非常事態は2018年11月まではほとんど使われていなかった。使われ出したのは、スペインのマドリッドで COP25 が開催された12月以降であり、世界規模での最初のアクションが呼びかけられた2019年

３月以降の使用頻度の増大が顕著である。国連の気候行動サミットが開かれた2019年９月には10億語あたり6500件にも増大した。2018年９月と比較して、１年間で使用頻度は100倍以上も増えたという。

2019年はオーストラリアでは気候変動の影響で、平均気温は過去最高を記録し、平均降水量が同国の観測史上もっとも少なく乾燥していたことなどを背景に、同国が夏に向かう2019年９月頃から森林火災が頻発するようになった。2020年１月までに累計10万平方キロ以上が消失し、10億以上の貴重な野生動物の命が奪われた。

第二節　日本のFridays for Future運動

日本のFridays for Future運動の動員力は、海外に比べるときわめて限られている。

海外での急速な高揚と比較して、日本での動きは鈍かった。2019年３月15日の抗議行動は東京と京都の２都市でわずか計200人の参加にとどまった。世界125ヶ国2000以上の都市で、計140万人以上が参加したにもかかわらずである。「グローバル気候マーチ」と名づけられた2019年９月20日のデモには23都道府県の27都市で、計5000人以上が参加した。東京では約3000人が参加した。人びとが参加しやすいように、日本では、ストライキではなく、グローバル気候マーチというソフトな名称が用いられている。それでもドイツの140万人と比較すると、その280分の１、0.36％にとどまる。

筆者自身Fridays for Future Sendaiの若者たちとともに、2019年９月20日に仙台市で、2020年９月25日は多賀城市（仙台市の東隣で、仙台港で操業中の石炭火力発電所の影響をもっとも受ける地域である）におけるアクションを企画者の１人として呼びかけたが、2019年９月20日のデモの参加者は83名、2020年９月25日のアクションの参加者は65名だった。いずれの場合も、Fridays for Future Sendaiの若者たち10数名と、仙台パワーステーション操業差止訴訟の原告などが中心で、顔見知りが多く、フリーの参加者は数名程度に限られ、しかも2019年９月20日のデモのフリーの参加者は外国人が目立った。

2019年10月12・13日に来襲した台風19号によって東日本の各地で大規模な河川氾濫が起きたことに衝撃を受け、グレタらの行動に刺激された、当時東北大学文学部社会学研究室の2年次の学生は、Fridays for Future Sendaiの若者たちと10月18日から毎週金曜2限や金曜の昼休みに大学内で「気候ストライキ」を開始し、1月31日まで13週間継続した。この学生によると、この間参加者は10数名にまで増えたが、ヨーロッパからの留学生の関心は高かったものの、日本人学生の多くは黙殺するか、冷笑的だったという。アジアの留学生も冷ややかだった。

海外のFridays for Futureの動向にも詳しい平田仁子は、日本のFridays for Futureの特徴として、(1) 参加者は大学生が多く、中高生が少ないこと、(2) マーチに参加する人では外国人やインターナショナル・スクールの学生が目立つこと、(3) 海外のような抗議や怒りの表明は抑制されて、緩やかな連帯を示す雰囲気で実施されていること、(4) 動員の規模が小さいことを指摘している（平田2020）。

その背景として、平田は、気候変動に関する日本のメディア報道の乏しさ、気候変動問題への国民の関心や危機感の乏しさ、気候変動問題に関する政府および政治家の意識の低さ、街頭行動に抑制的な日本の政治文化などを指摘する。

筆者も、日本の気候変動問題における「政府・企業・メディア・市民の4重の消極性」を指摘したことがある（長谷川2020b)。日本では、政府も企業もメディアも市民も気候変動問題に関心が低いのである。2015年パリ会議の半年前に、気候変動枠組条約事務局などが主催し、気候変動とエネルギー問題をテーマに世界76ヵ国で開催された世界市民会議(World Wide Views) の結果がある (World Wide Views on Climate and Energy)。注目されるのは、1) 性別や年齢、職業、学歴、都会に住んでいるか地方に住んでいるかなど、国民全体の縮図になるように、各国ごとに100名を選んだこと、2) 通常の世論調査と異なって、世界共通の資料をもとに、7人ずつの15グループに分かれて、5つのテーマについて45

〜50分ずつグループ討議を行ったのちに、選択肢を選ばせたことである。「誰が第一義的に気候変動に立ち向かう責任を持つべきか」という問いに対して「市民や市民社会」と答えたのは、世界全体では48%（日本を含む8,628名が回答、以下同）、日本（100名が回答、以下同）では25%。「各国政府」と答えたのは、世界全体では32%、日本では58%だった。新たな化石燃料の探査について、世界全体の45%が「あらゆる化石燃料の探査を中止すべき」と答えたのに対し、日本では29%にとどまった。「探査を続けるべき」は世界全体で23%、日本では39%。日本は化石燃料の探査を容認する傾向にある。とくに印象的なのは、世界全体の66%は気候変動対策を「生活の質を高めるもの」と答え、「生活の質を脅かすもの」と答えたものは27%にとどまったのに対し、日本では逆に60%が「生活の質を脅かすもの」と答え、「生活の質を高めるもの」と答えたのは17%にとどまったことである。世界全体の傾向と回答パターンが逆転している。

そもそも「気候変動の影響に非常に関心がある」は世界全体では78%だが、日本は44%、「ある程度関心がある」は世界全体で19%に対し、日本は50%。世界市民会議に参加する以前の気候変動問題に関する知識の程度は、「ほとんど知らなかった」が世界全体で18%に対し、日本は44%、「あまり知らなかった」は世界全体で30%、日本は41%、「幾らか知っていた」は世界全体で39%、日本は14%にとどまる。

日本は気候変動問題への関心が低く、知識不足であり、当事者意識が弱く、市民社会への期待が低く、中央政府頼りで、化石燃料に容認的で、気候変動対策を生活の質を脅かすものと捉える傾向が強い。日本の市民の気候変動問題への関心の低さ、行動への消極性は根深い。おそらく気候変動問題への日本のメディアの消極的な報道姿勢も、市民の関心の低さと対応していよう。

日本の環境NGOの動員力、組織力、情報発信力にも大きな課題がある。

表1は、気候変動問題に熱心に取り組んでいる日本の主な環境NGOの

表1　Facebookのフォロワー数

団　体　名	フォロワー数
Greenpeace Japan	14万
WWF Japan	8.1万
FoE Japan	8,795
気候ネットワーク	5,262
Fridays for Future Japan	1,750
Fridays for Future Tokyo	4,083
Fridays for Future Kyoto	1,157
Grete Thunberg	353万
Fridays for Future Deuschland	11万

出所：Facebookより筆者作成（2023年7月22日現在）

Facebookのフォロワー数をグレタや国内外のFridays for Futureの団体と比較したものである。いずれの団体も、グレタの353万フォロワーから大きく水を開けられている。Fridays for Future Deutschlandのフォロワー数11万と比べても大幅に少ない。Fridays for Future Tokyoのフォロワー数は4083であり、日本の環境NGOの中では比較的善戦している。

Fridays for Future Japanのフォロワー数がFridays for Future Tokyoの半数以下であることは、Fridays for Future Japanをトップとするピラミッド型組織ではなく、地方組織に実体のある緩やかな連合体であることの証左でもあろう。

気候変動問題へのメディア報道の鈍さは、図3のような日本の代表的な新聞とNew York Timesとの報道件数の比較からも明らかである[註4]。2015年のパリ協定の成立にもかかわらず、日本の新聞では、福島原発事故以降、気候変動問題に関する記事件数はほぼ横ばいのままである。一方New York Timesの場合には、2013年以降増大し、とくに2019年には前年と比較して、1000件、約1.5倍も記事件数が増大している。

2018年7月の西日本豪雨では271名もの死者が出た（行方不明者8名を含む)。日本は、このところ毎年のように、どこかが集中豪雨や大型台風による被害を受けている。豪雨被害はいつどこで起きても不思議ではなく、もはや日常化していると言っても過言ではない。

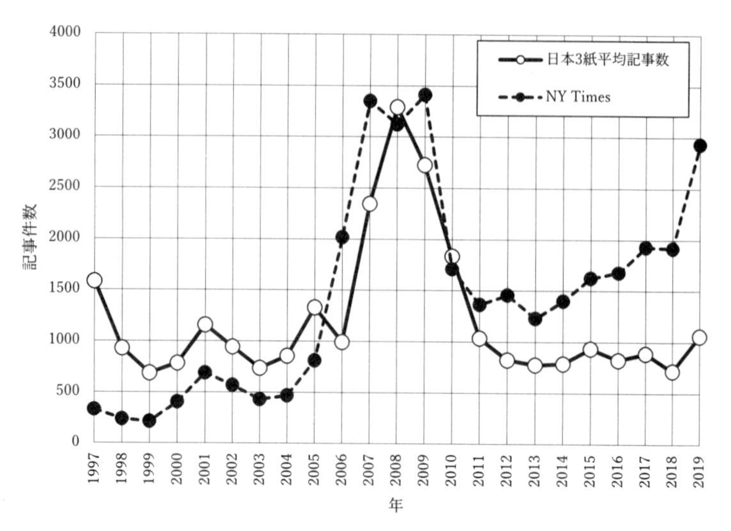

図2 地球温暖化と気候変動に関する記事数の変遷
（朝日・読売・日経３紙平均とニューヨークタイムズ紙）
（出所）辰巳智行作成

ドイツの環境団体 Germanwatch によれば、2018 年に気候変動の被害がもっとも大きかった国は日本であり、フィリピン、ドイツ、マダガスカル、インドと続く（Germanwatch Global Climate Risk Index 2020）。気候変動による被害というとツバルやキリバスのような太平洋の島国への影響が深刻だというイメージが強いが、日本やドイツのような先進国においても事態は深刻さを増している。日本は 2017 年には 36 位だったから、2018 年 7 月の西日本豪雨、2018 年 9 月 4 日関西を襲った台風 21 号などの影響がいかに大きかったかを示している。表 2 のように、気候変動による人口 10 万人あたりの死亡者数はドイツに次いで 2 番目に多く、経済的な損失額はインドに次いで 2 番目に大きかった。被害の大きさ（Global Climate Risk Index）の総合順位は日本が 1 位だったのである。

集中豪雨や台風の巨大化の背景には気候変動にともなう海水温の上昇がある。にもかかわらず、日本ではメディアはなぜかこれまで豪雨や台風の巨大化と気候変動とを関連づけることを避けがちだった。日本政府も、災害と気候変動との関係に積極的に向き合おうとしていない。

もっとも最近の2020年9月の自民党総裁選でも、岸田文雄ら3候補はいずれも、立会演説会で気候変動を取り上げなかった。ほぼ同じ時期に行われた立憲民主党の代表選でも、泉健太ら2候補は立会演説会で気候変動に言及していない。政権与党および野党第1党それぞれの代表者を選ぶ選挙で、どの候補者も気候危機対策を取りあげなかったことは驚くべきことであり、この問題についての政治家の関心がいかに低いかを示している。管見の限りでは、マスメディアもこの点をとくに問題視しなかった。日本では気候変動対策の必要性については与野党間でも、政治リーダーの間でも、温度差は顕著ではない。しかも前述のように国民の関心もそれほど高まっていない。そのため政治的争点になりにくい。

2020年のアメリカ大統領選では、気候変動問題は、気候変動懐疑論の立場からパリ協定離脱を宣言している現職のトランプ大統領と気候変動対策に積極的でパリ協定への復帰を表明しているバイデン候補との間の中心的な争点の1つだった。気候変動問題は、1990年代半ばから、共和党支持者と民主党支持者を分かつ基本的な争点の1つであり続けている。

気候変動問題が日本の総選挙の主要争点の1つになったのは、2009年9月の総選挙の折にとどまり、このときは2020年に1990年度比で温室効果ガス25%削減を掲げた民主党が多数を制し、政権交代が実現した。

しかし民主党は温暖化対策基本法の制定をめざしたものの、京都議定書第二約束期間からの離脱を表明するなど政策はかえって後退し、気候変動対策に関してほとんど成果を上げることができなかった。

民主党の後継の民進党（当時）の気候変動対策への関心の乏しさは、2016年参院選の同党の公約集では、前年のパリ協定の成立が無視されるなど、もっとも基本的な国際動向が更新されておらず、しかもそのことを同党の幹部も、またメディアも注視していなかったことに端的に示されている（註5）。

第三節　Fridays for Future 運動の今後

アジア諸国の中でも、民主化運動の勝利の経験をもつ韓国や台湾、フィリピン、香港などと比較すると、日本の社会運動の政治的達成は乏しい。コンビナート建設反対運動や原発建設反対運動のように、地域的な争点に関する個別の勝利は若干あるものの、全国規模での政治的達成はほぼないに等しい。資金面・人材・組織的基盤・専門家の関与のいずれをとっても、日本の社会運動、市民運動の非力を歎くことはたやすい。

社会運動や市民活動に関して、私達が力不足であるのは、冷徹に分析すれば、文化的フレーミング、資源動員、政治的機会、この3つのいずれもが弱いからである。

しかしそれでもSNS時代の新しい社会運動が現出した。日本国内に限定されているが、Fridays for Futureと似たような運動スタイルの活動として「フラワーデモ」と称する興味深いデモがあった（長谷川 2020a; Flower Demo）。2019年3月に性暴力の加害者に対する無罪判決が4件続いたことに抗議して同年4月11日から始まった。4月は東京だけだったが、5月には東京・大阪・福岡の3都市にひろがり、9月には札幌から那覇まで22都市に、ついには47全都道府県でデモが行われるまでに拡大した。参加者からは、若い世代を中心に「いてもたってもいられない」という言葉がよく聞かれた。性暴力に対峙する連帯と被害者への共感のシンボルとして、花を持ち寄ることや花柄の服を着てくることを呼びかけ、毎月11日に開催し、「フラワーデモ」と呼んできた[註6]。2020年2月に福岡高裁で、同じく3月に名古屋高裁および東京高裁と、その発端となった4裁判のうち3裁判で逆転有罪判決が出た社会的背景には、フラワーデモの全国的な高揚がある。2023年6月には、刑法の条文が「性被害の実態にあっていない」とする、被害者の声やフラワーデモを契機とする世論の高揚などを受け、「同意のない性行為は犯罪となりうる」として、加害者を処罰する法律を大幅に見直した改正案が、参議院本会議で全会一致で可決・成立した。日本発の社会運動の大きな成功例と言える。

仙台市で2019年6月からはじまったフラワーデモは、東北大学の社会学研究室のデモ未経験の2年生が、家族の猛反対を押し切って、おっかなびっくりで始めたものだが、彼女の呼びかけを契機に弘前市や盛岡市でも始まった。

フラワーデモはなぜひろがったのだろうか。

Fridays for Future と比べると小規模で、日本国内だけの動きではあるが、①大学生など若い世代中心の集合行為であること、②これまで社会運動への参加経験のない参加者が多いこと、③単発的にではなく、毎月11日に継続的に行われていたこと、④日本全体にひろがりつつあったこと、⑤SNSが呼びかけのメディアとして多用されていたこと、⑥「今何かをしなければいけない」「私自身が何かをしなければいけない」という緊急性と当事者意識が参加者に共有されていたことが注目される。これらの特徴は、Fridays for Future の運動とよく似ている。2017年10月からハリウッドを中心に、セクハラ告発運動として世界的に急速に広がった#MeToo 運動とも親近性がある。

セクハラ被害の場合、被害者は加害者側からの報復や直接・間接の2次被害を怖れて、また周囲からの圧力を怖れて、長い間、沈黙を余儀なくされてきた。#MeToo 運動は、SNS を用いて被害者への連帯と告発を呼びかけ、告発の心理的な抵抗を引き下げることに成功した。ただし、フラワーデモが場の共有による被害者との連帯・共感を重視しているのに対し、#MeToo 運動の場合には、加害者の告発により重点が置かれ、SNSで発信する以外の物理的な場の共有はそれほど重視されておらず、よりメディア・アクティビズム的である。

おわりに

では Fridays for Future 運動のような、「われわれはここにいる運動」や経験共有運動はこれからどうなるのだろうか。タローは、ウォール街占拠運動について、運動が活発だった2011年10月時点で、今後はたちまち消えるか、70年代のフェミニズム運動のように政治的要求と関心ごとに四分五裂するかのどちらかだと予告していた（Tarrow 2011）。実際、ウォール街占拠運動は約2ヶ月間占拠が続いたが、11月15日に警察が強制排除して以降はニューヨークでは沈静化してしまった。ほぼタローの予告どおりの帰結を迎えた。

Fridays for Future 運動も、とくに日本では2011年から12年にかけての反原発運動が辿ったように、拡大・上昇局面にある間は、運動の広がり自体が次の活動の大きな誘因になりうるが、やがて拡大が頭打ち化するとともに、「繰り返し繰り返し私たちは行動しているのに結局活動の成果が見えないのではないか」という政治的有効性感覚の低下、無力感に直面する可能性がある。毎回同じことをやり続ける運動のエネルギーをどう維持していくのか、参加者にとってもメディアにとっても新鮮味が薄れていく中で、どう運動を維持していくのか、という課題がある。

学生は比較的時間の融通が利くが、その身分は流動的である。4・5年程度で、卒業・就職等が控えている。一般企業への就職後もなお抗議行動に関与し続けることは、日本ではなかなか困難である。

持続的であるためには、到達可能な目標の具体化、組織的な基盤や戦略・戦術の検討、政治的機会の有効な活用などが不可欠であろう。

とりわけ一般市民の政治的な関心が高まりにくい日本の政治文化のもとで、さらなる高揚をめざして運動をどう水路づけ、持続させていくのかという課題は、安保反対運動の敗北から60年以上を経た現在も、十全な解答を得ていない。これは2011～12年の反原発運動の高揚が、そして2015年の安保関連法案反対運動の高揚が提示した課題でもある。社会運動の共鳴板をいかに分厚いものにし長期に持続させていくのか、社会的影響力を高めていくのか、という困難な課題は、現在も私たちの前に立ちはだかっている。

註

1 筆者は、市民活動の実践面では、宮城県地球温暖化防止活動推進センターのセンター長を2003年度から務めている。全国に59ある地域センターを束ねているのが一般社団法人地球温暖化防止全国ネットであり、全国地球温暖化防止活動推進センター（JCCCA）を受託している。筆者は、2010 年 8 月の発足から 19 年 6 月まで、約 9 年間地球温暖化防止全国ネットの初代の理事長を務めた。

一市民としては、2016 年 8 月から、仙台港の石炭火力発電所建設問題を考える会の代表として市民運動のリーダーを務めるとともに、2017 年 9 月に提訴し、2020 年 10 月に敗訴した、仙台パワーステーション（出力 11.2 万 kW、以下仙台 PS と略記）操業差止訴訟の原告団団長を務めた。

2　本稿は、長谷川（2021）と論旨の重複がある。データは最新のものに更新した。

3　グレタのツィッター（https://twitter.com/GretaThunberg/）2023/6/2.

4　筆者を研究代表者とする気候変動政策の国際比較研究日本チーム（COMPON Japan）の研究の一環として、地球温暖化および気候変動を検索語として、辰巳智行（豊橋創造大学）が集計・作成した。

5　2016 年 7 月の参院選における野党第一党の民進党（当時）の政策文書『民進党政策集 2016』の地球温暖化対策には、「すべての国が参加する将来枠組みを採択するため、我が国から具体的な将来枠組みを提案し、主導的な環境外交を展開します。」と記されていた（下線部筆者、民進党政策集 2016）。つまりパリ協定が採択された 8 ヵ月後の 2016 年 7 月の参院選においてすら、民進党は、まだパリ協定は成立していないという趣旨の文書を公式に掲げていた。2015 年春時点の文書をそのまま踏襲してしまったためのミスという。

このような初歩的なミスが見過ごされたままだったことも問題だが、このことに、同党関係者も、メディアも、環境 NGO も気づいていなかったことはさらに深刻な問題である。つまり同党内の関係者を含め、ほとんど誰も民進党の地球温暖化対策をまじめにチェックしていなかったのである。

6　フラワーデモのサイトを訪れてみると、2023 年 5 月以降のデモについては各地域の関連の twitter を見てほしいという表示がなされ、デモの全国的な開催予定に関するその後の更新は途絶えている（2023 年 5 月末日現在）。

参考文献

Ernman, Malena et al.（2018）*Scener ur Hjärtat*, Bokförlaget Polaris.（= 2019、羽根由・寺尾まち子訳『グレタ　たったひとりのストライキ』海と月社 .

Flower Demo（https://www.flowerdemo.org/）2023/5/31.

舩橋晴俊（2001）「環境問題の社会学的研究」飯島伸子・鳥越皓之・長谷川公一・舩橋晴俊編『講座環境社会学 第 1 巻 環境社会学の視点』有斐閣、pp.29-62.

Germanwatch Global Climate Risk Index 2020（https://germanwatch.org/en/17307）2023/5/31.

長谷川公一（2003a）「新しい社会運動としての反原子力運動」長谷川公一『環境運動と新しい公共圏――環境社会学のパースペクティブ』有斐閣、pp.123-142.

長谷川公一（2003b）「共同性と公共性の現代的位相」長谷川公一『環境運動と新しい公共圏――環境社会学のパースペクティブ』有斐閣、pp.193-210.

長谷川公一（2019a）「公共圏への回路と新たな秩序問題――特集「「ポスト真実」と

民主主義のゆくえ」が問いかけるもの」『社会学研究』vol.103、pp.7-20.

長谷川公一（2019b）「社会運動と社会構想」長谷川公一・浜日出夫・藤村正之・町村敬志『社会学　新版』有斐閣、pp.507-538.

長谷川公一（2020a）「社会運動の現在」長谷川公一編『社会運動の現在――市民社会の声』有斐閣、pp.1-28.

長谷川公一（2020b）「気候危機と日本社会の消極性――構造的諸要因を探る」『環境社会学研究』vol.26、pp.80-94.

長谷川公一（2021）「気候危機をめぐる参加と連帯―― Fridays for Future の社会運動論的分析」『ノンプロフィット・レビュー』vol.20、no.2、pp.69-77.

Hasegawa Koichi (2018) Continuities and Discontinuities of Japan's Political Activism before and after the Fukushima Disaster, in David Chiavacci and Julia Obinger eds., *Social Movements and Political Activism in Contemporary Japan: Re-emerging from invisibility*, Routledge, pp.115-135.

平田仁子（2020）「日本における気候変動・地球温暖化に関する意識」『環境情報科学』vol.49、no.2、pp.47-52.

Humphrey, Craig R. and Frederick H. Buttel (1982) *Environment, Energy and Society*, Belmont: Wandsworth.（= 1991、満田久義・寺田良一・三浦耕吉郎・安立清史訳『環境・エネルギー・社会－環境社会学を求めて』ミネルヴァ書房).

町村敬志・佐藤圭一編（2016）『脱原発をめざす市民活動――3.11 社会運動の社会学』新曜社.

McDonald, Kevin (2004) Oneself as Another: From social movement to experience movement, *Current Sociology*, vol.52, no.4, pp.575-593.

『民進党政策集 2016』
（https://www.minshin.or.jp/compilation/policies2016/50083）2023/5/31.

野宮大志郎・西城戸誠編（2016）『サミット・プロテスト――グローバル化時代の社会運動』新泉社.

小原良子（1988）「原発よりも命が大事」『クリティーク』vol.12、pp.21-30.

Oxford Languages Word of the Year 2019 (https://languages.oup.com/word-of-the-year/2019/) 2023/5/31.

Tarrow, Sidney (2011) Why Occupy Wall Street is not the Tea Party of the Left: The United State's long history of protest, *Foreign Affairs*, October 10, 2011, Snapshot (http://www.foreignaffairs.com/articles/136401/sidney-tarrow/why-occupy-wall-street-is-not-the-tea- party-of-the-left) 2023/5/31.

TIME 2019 Person of the Year: Greta Thunberg (https://time.com/person-of-the-year-2019-greta-thunberg/) 2023/5/31.

友澤悠季（2014）『「問い」としての公害－環境社会学者・飯島伸子の思索』勁草書房.

World Wide Views on Climate and Energy (http://climateandenergy.wwviews.org/results/) 2023/5/31.

おわりに

田中　仁

今から遡ること37年前、筆者は宇都宮大学に勤務していた。1986年8月5日台風10号の豪雨は、関東・東北地方に大きな水害をもたらした。浸水により幹線道路が寸断された状況のなか、宇都宮市から被災地まで約30kmの道のりを自転車で現地調査に赴き、小貝川の破堤箇所などの調査を行った。この台風は東北地方においても大きな被害を発生させ、宮城県内においては吉田川の破堤水害などの大きな被害をもたらした。鬼怒川・小貝川沿川においては、2015年にも堤防決壊により大きな水害が発生している。

その後、30歳代のはじめにJICA（国際協力機構）専門家としてタイ・バンコクに二年間在住した。筆者らの世代では、幼少時に停電の経験を有している人が多いが、バンコクでは降雨の後に停電することが常であった。また、局所的な浸水によりもたらされる交通渋滞は著しく、勤務先から居住地までの45kmの距離を帰宅するのに、ワースト記録は6時間を要した。それから約20年後、タイ・チャオプラヤ川流域は2011年に記録的な洪水被害を受け、日本から進出している自動車メーカー工場などに大きな被害が出たことは記憶に新しい。

そして、本書で触れた令和元年10月台風19号は日本全国に大きな豪雨災害をもたらした。宮城県内を見ても、丸森町における浸水被害、大郷町吉田川の破堤被害などである。著者自身がこれら東北地方の被災河川の現地調査に忙殺される中，出身高校所在地の栃木県佐野市秋山川の堤防が決壊し宅地・田畑に流れる洪水氾濫の報道映像を目の当たりにして言葉を失った．秋山川は著者が高校3年間通学時に目にした風景であり、万葉集の東歌にも詠まれた歌枕である。

これらの個人的経験を近年の気候変動の文脈で考えると、筆者が1986年8月に遭遇した豪雨災害は、気候変動がもたらす自然災害のプロローグの様に思われてくる。この物語のエピローグはどのようなものか？それにもまして、このプロローグ、エピローグの間の本体部分にはどのような物語が存在するのか？　その物語はすでに書き上げられたものではなく、今後の我々の振る舞いに依存していることを心に留めなければならない。

執筆者略歴

滝澤　博胤（たきざわ　ひろつぐ）

1962年新潟県生まれ。1990年東北大学大学院工学研究科応用化学専攻博士後期課程修了（工学博士）。同年東北大学工学部助手、1994年テキサス大学オースティン校客員研究員、1995年東北大学工学部助教授を経て2004年東北大学大学院工学研究科教授。2015年工学研究科長・工学部長。2018年より東北大学理事・副学長（教育・学生支援担当）、高度教養教育・学生支援機構長、教養教育院長となり現在に至る。専門は無機材料科学、固体化学。主な著書に『マイクロ波化学：反応、プロセスと工学応用』（共著、三共出版、2013年）、『演習無機化学』（共著、東京化学同人、2005年）、『固体材料の科学』（共訳・東京化学同人、2015年）など。2011年日本セラミックス協会学術賞、2016年粉体粉末冶金協会研究進歩賞受賞。

花輪　公雄（はなわ　きみお）

1952年山形県生まれ。1981年3月、東北大学大学院理学研究科地球物理学専攻博士課程後期3年の課程を単位取得退学。理学博士（1987年）。専門は海洋物理学、大規模大気海洋相互作用。1981年4月、東北大学理学部助手、その後講師、助教授を経て、1994年4月教授。2008年度から2010年度まで理学研究科長・理学部長、2012年度から2017年度まで理事（教育・学生支援・教育国際交流担当）、教養教育院長。2018年3月、定年退職、東北大学名誉教授。2021年度より山形大学理事・副学長（企画・評価／IR・総務・危機管理・内部統制）。主な著書に『海洋の物理学』（共立出版、2017年）、『若き研究者の皆さんへ－青葉の杜からのメッセージ－』正・続（東北大学出版会、2015・16年）、『東北大生の皆さんへ－教育と学生支援の新展開を目指して－』正・続（東北大学出版会、2019・19年）など。主な受賞に「日本気象学会堀内賞」、「日本海洋学会賞」、「日本地球惑星科学連合フェロー」、「海洋立国推進功労者表彰（総理大臣賞）」、「気象庁長官表彰」など。

牧野　周（まきの　あまね）

1956年愛知県生まれ。1985年東北大学大学院農学研究科農芸化学専攻博士課程後期3年の課程修了。農学博士。専門は農芸化学・植物栄養学。東北大学農学部助手、助教授、東北大学大学院農学研究科教授を経て、2021年定年退職、東北大学名誉教授。この期間、2013年－2015年東北大学副理事・総長特

別補佐（入試担当）、2015 年 − 2017 年東北大学教育研究評議員、2017 年 − 2019 年東北大学大学院農学研究科長・農学部長を歴任。2023 年から東北大学高度教養教育・学生支援機構特定教授。主な著者は「エッセンシャル植物生理学」（共著、講談社、2022）、「新植物栄養・肥料学改訂版」（共著、朝倉書店、2023）、「光合成」（共著、朝倉書店、2021）、「テイツ・ザイガー植物生理学・発生学第 6 版」（翻訳、講談社、2017）、「植物栄養学第 2 版」（共著、文英堂、2010）など。主な受賞は、2001 年日本土壌肥料学会賞、2021 年日本農学賞・読売農学賞。学術論文 174 編、h-index 63 (Scopus)。

南澤　究（みなみさわ　きわむ）

1954 年東京都生まれ。1983 年 9 月、東京大学大学院農学系研究科農芸化学専門課程博士課程中退。1983 年 10 月、茨城大学農学部助手に採用。1986 年 6 月、農学博士の学位取得（東京大学）。その後茨城大学助教授、テネシー大学微生物学科客員研究員を経て 1996 年 7 月、東北大学遺伝生態研究センター教授。2001 年 4 月、生命科学研究科教授、2020 年 4 月、生命科学研究科特任教授、現在に至る。日本微生物生態学会会長、代表幹事や評議員、Microbes and Environments 編集委員長など。主な著書に『共生微生物』（共著、化学同人、2016 年）、『エッセンシャル土壌微生物』（共著、講談社、2021 年）など。他、査読あり原著論文と総説は約 200 報。1987 年、「優良ダイズ根粒菌に関する研究」で日本土壌肥料学会奨励賞受賞、2003 年、「共生窒素固定細菌の遺伝生態に関する研究」で日本土壌肥料学会賞受賞。2020 年、「窒素循環を担う植物共生微生物に関する研究」で日本農学賞・読売農学賞受賞。

田中　仁（たなか　ひとし）

1956 年群馬県生まれ。1984 年東北大学大学院工学研究科土木工学専攻博士課程修了（工学博士）。同年宇都宮大学助手、1988 年東北大学講師、1990 年同助教授、1991 年アジア工科大学院准教授（タイ、バンコク）、1996 年東北大学教授、同年デンマーク工科大学客員研究員、2011 年東北大学工学研究科副研究科長。2022 年定年退職し、同年より東北大学名誉教授、総長特命教授、現在に至る。専門は水工学、海岸工学、河川工学。主な著書に『漂砂環境の創造に向けて』（共著、土木学会）、『日本の河口』（編著、古今書院）、“Water Projects and Technologies in Asia -Historical Perspectives-”（編著、CRC Press）他。土木学会論文奨励賞（1988）、東北大学総長教育賞（2012）、東北大学工学研究科長教育賞（2014）、Distinguished IAHR-APD Membership Award（2016）、

河川財団賞（2019）、Coastal Engineering Journal Award（2020）、JAMSTEC 中西賞（2021）、土木学会論文賞（2021）、土木学会国際貢献賞（2023）他を受賞。

柿沼　薫（かきぬま　かおる）
1985 年東京生まれ。2003 年 3 月玉川大学農学部卒業。2013 年 3 月東京大学大学院農学生命科学研究科博士課程修了（農学博士）。専門は環境学、とくに人間社会と自然環境の相互作用の解明に取り組む。2015-2018 年日本学術振興会特別研究員（PD）、2016-2018 年コロンビア大学客員研究員、2018 年東北大学学際科学フロンティア研究所助教、2019 年同大准教授および上海大学准教授を経て 2023 年よりサウジアラビア King Abdullah University of Science and Technology、Research Scientist。自然環境情報と社会・人口情報の統合を通じて、気候変動や水逼迫が社会へ与える影響、特に人口移動や社会的格差に着目した研究を実施。

森本　浩一（もりもと　こういち）
1956 年熊本県生まれ。1985 年東北大学大学院文学研究科博士課程中退、同年東北大学文学部助手。横浜国立大学講師・助教授（1986 ～ 96 年）をへて、1996 年東北大学文学部助教授。同大学院文学研究科教授、同大学院文学研究科長・文学部長（2017 ～ 19 年）ののち、2022 年定年退職。同年 4 月より東北大学名誉教授・東北大学教養教育院総長特命教授として現在にいたる。専門は文学の理論、言語思想、ドイツ文学。著作に『デイヴィドソン』（日本放送出版協会、2004 年）、『言語哲学を学ぶ人のために』（共著、世界思想社、2002 年）、『多元的文化の論理』（共著、東北大学出版会、2005 年）など。

尾崎　彰宏（おざき　あきひろ）
1955 年福井県生まれ。1979 年東北大学文学部卒業、1983 年東北大学大学院文学研究科博士課程後期退学。専門は、美学・西洋美術史。東北大学助手をへて、弘前大学講師、助教授、教授をへて、東北大学教授。現在、東北大学名誉教授、高度教養教育・学生支援機構教養教育院総長特命教授。主な著作に『レンブラント工房』（単著、講談社選書メチエ、1996 年）、『レンブラントのコレクション』（単著、三元社、2003 年）、『フェルメール』（単著、小学館、2006 年）、『レンブラントとフェルメールの時代の女性たち』（単著、小学館、2008 年）、『ゴッホが挑んだ「魂の描き方」』（単著、小学館ビジュアル新書、

2013年)、『静物画のスペクタクル』(単著、三元社、2021年) などがある。

長谷川　公一（はせがわ　こういち）

1954年山形県生まれ。1977年東京大学文学部卒業、1984年東京大学大学院社会学研究科博士課程単位取得退学。専門は、環境社会学、社会運動論。東京大学助手を経て、1984年東北大学教養部講師、同助教授、1992年東北大学文学部助教授、同大学院文学研究科教授。2020年より東北大学名誉教授、尚絅学院大学特任教授となり現在に至る。博士（社会学)。主な著書に『環境社会学入門——持続可能な未来をつくる』(ちくま新書、2021年)、『社会運動の現在——市民社会の声』(編著、有斐閣、2020年)、『東日本大震災100の教訓 地震・津波編』(共編、クリエイツかもがわ、2019年)、『原発震災と避難——原子力政策の転換は可能か』(共編、有斐閣、2017年)、『気候変動政策の社会学——日本は変われるのか』(共編、昭和堂、2016年)、『岐路に立つ震災復興——地域の再生か消滅か』(共編、東京大学出版会、2016年) などがある。

装幀：大串幸子

東北大学教養教育院叢書「大学と教養」

第7巻　環境と人間

Artes Liberales et Universitas
7 Environment and Humans

2024年2月26日　初版第1刷発行

編　者　東北大学教養教育院
発行者　関内 隆
発行所　東北大学出版会
〒980-8577　仙台市青葉区片平2-1-1
Tel. 022-214-2777　Fax. 022-214-2778
https://www.tups.jp　E.mail info@tups.jp
印　刷　カガワ印刷株式会社
〒980-0821　仙台市青葉区春日町1-11
Tel. 022-262-5551

ISBN978-4-86163-395-9　C0000
定価はカバーに表示してあります。
乱丁、落丁はおとりかえします。

東北大学教養教育院叢書

大学と教養

東北大学教養教育院　編

1　教養と学問　（2018 年 3 月刊行）

A5 判 220 頁 ISBN978-4-86163-303-4 C0000　定価（本体 2,500 円＋税）

《目次》

2　震災からの問い　（2018 年 3 月刊行）

A5 判 224 頁 ISBN978-4-86163-304-1 C0000　定価（本体 2,500 円＋税）

《目次》

3　人文学の要諦　（2020 年 3 月刊行）

A5 判 248 頁 ISBN978-4-86163-344-7 C0000　定価（本体 2,500 円＋税）

《目次》

4　多様性と異文化理解　（2021年3月刊行）

A5判234頁 ISBN978-4-86163-358-4 C0000　定価（本体2,500円+税）

《目次》

5　生死を考える　（2022年3月刊行）

A5判216頁 ISBN 978-4-86163-371-3 C0000　定価（本体2,500円+税）

《目次》

6　転換点を生きる　（2023年3月刊行）

A5判232頁 ISBN978-4-86163-384-3 C0000　定価（本体2,500円+税）

《目次》